したがるオスと嫌がるメスの生物学

昆虫学者が明かす「愛」の限界

宮竹貴久
Miyatake Takahisa

a pilot of wisdom

目次

はじめに　8

第1章　ドーパミンが生き方と求愛を決める　13

虫を飼うにもお金がかかる／死にまねする虫／「昆虫の動き」を研究する／探すはコイン精米機／米糠をブラシで探って／コクヌストモドキの長所／虫を「育種」するとは／食われる一族、逃れる一族／交尾できる一族、できない一族／虫の動きを制御する「生体アミン類」とは？／凄腕の昆虫生理学者／そして科研費プロジェクトへ／よく動くメスの場合は

第2章　がんばるオス —— 41

オス同士は闘う宿命にある／ヘリカメムシたちの夏／カメムシの熱い闘い／闘いはエスカレートする／季節で変わるハレムのサイズ／農業改良普及所に就職する／ウリミバエ根絶大作戦／レックという「愛の宿」／オスを厳選する野外のメス／がんばらないオスの出現／大顎で闘う小さな甲虫／生き方は身の丈次第／サイズは関係ない

第3章　オスががんばるとメスはどうなってしまうのか？ —— 77

ついにクワガタの遺伝子判明？／クワガタやカブトムシには難がある／オオツノとの出会い／オオツノを闘わせる／期間限定で逃げるオス／逃げるは恥だが子を残す／顎の長さを育種する／ファイタータイプとスレンダータイプ／メスの心と秋の空／メスではどうなったのか？

終　章　性的対立とは何か？　219

愛の告白がコストになる時／メスは抵抗を続ける／与えよ、さもなくば逃げよう

おわりに　227

参考文献　232

図版作成／ＭＯＴＨＥＲ
イラスト／龍治由季

はじめに

「虫の一生なんてみんな一緒で単純なものだ。オスはメスに馬乗りになって交尾をし、メスはたくさんの卵を生んで、必死に繁殖し、そして死んでいく。その繰り返しだ」

——というイメージを、もしも皆さんが持たれているとしたらそれは大間違いだ。僕とその研究仲間が、およそ四半世紀に及んで来る日も来る日もひたすら虫たちを観察した結果、わかったことがある。

それは、虫だって個体によって様々な顔を見せるということだった。ただ、僕たちと違って骨が皮膚となった外骨格を持つ虫に、表情はない。

けれど虫にも「個性」はあるのだ。個体によって様々な求愛の流儀があり、どんなプロポーズを行うのかは当然、自らの遺伝子と、自らの置かれた環境によって違ったものになる。僕たち人類が体内時計の乱れから不眠や睡眠障害に悩まされるように、虫の一個体、一個体の体の細胞の中にも、それぞれ違った体内時計が存在し、その時刻の差によってプロポーズするタイミングも異なる。

虫の世界でも、メスにとって魅力的なオスとそうでないオスがいて、反対にオスにとっても魅力的なメスとそうでないメスがいる。一匹一匹、違うやり方で、敵から逃げる方法を身につけ、異なる方法で異性に出会って、求愛して、子を残す。

人が恋に狂うように、虫も交尾に狂うのは確かである。オスにとっては多くの子孫を残すことこそが生物としての命題である。メスにとっても多くの子孫を残すことは重要だが、メスが生む卵の数には限度があるため、数だけでなく質がより重要になる。つまり繁殖に対する戦略そのものが、オスとメスではまったく異なる。ここに「性的対立」、すなわち「したがるオスと嫌がるメス」の熾烈《しれつ》なせめぎあいが生じるのである。「メスとオスの交尾と受精をめぐる利害の対立」といってもいい。

そして、そもそも存在するこの対立を解消するためにそれぞれのメスやオスが繰り出す戦術にも、やはり個性があったのだ。個性は親からの遺伝によって授かった部分と、育った環境によって育まれた部分がある。進化生物学では前者の、遺伝によって決まる個性が引き出す生き方を「戦略」と呼び、後者の経験から編み出された生き方を「戦術」と使い分けている。

僕は、大学で卒業論文を書くために昆虫学研究室に入門して以来、ずっと昆虫の交尾行動の研究をしてきた。小学校の卒業文集に「生物学者になりたい」と書いた昆虫少年時代までさかのぼれば、虫とのかかわりは半世紀近くにもなる。

20代の後半に就職した研究職では、数年間ほぼ毎晩、ハエのオスとメスがいつ交尾をするのかを観察するのが、僕の仕事だった。かっこいい甲虫を本当は観察したかったが、害虫駆除の研究に携わっていたので、観察したのはハエだった。そこでもやはりメスとオスのあいだには相容《あいい》れない対立が存在した。

虫のオスにとってモテの極意は「アクティブ&マメであること」なのだが、これまでにいろいろな虫の交尾を研究してわかったことは、それ以上に重要な要因があるという事実だ。実は「アクティブになるタイミング」こそ、最も重要なのである。人間の恋人同士や夫婦間の性生活だって同じかもしれない。つまりは波長が合うかどうか、すべては恋のタイミングで決まるのだ。


その後いろんないきさつがあって、ひょんなことから大学の教授になった今でも、僕は相変わらず虫の交尾の研究を続けている。卒論のテーマで虫の交尾を観察したいという学部生には、その研究を楽しめるよう計らう。学生の実験を指導しつつ、なんとか科学研究の予算をいただきながら、僕は今も現役で研究を続けている。

同い年の教授の多くは、年齢とともに偉くなって大学や学会の管理運営に奔走している。実は、僕もお誘いを断りきれずに数年前まで管理職の端くれにあり、大学の管理業務をやってはみた。これを続けていくと、管理職手当は増え、定年退職後には新たな就職先も準備され、困らない老後を過ごせることだろう。だが就任してわずか3カ月で、管理職ピラミッドを登り続けることは、僕にとって苦痛以外のなにものでもないことがわかった。そこはプライドや嫉妬、あるいは焦燥感と疲弊感にもあふれ、研究をすることの魅力や、学生にその魅力を知ってもらうという、ささやかではあるが大学の根幹をなす基本には顧慮していられない世界なのだ。

管理職を辞めた僕は、かつてからの念願だった一介の教授に戻り、性をめぐって対立するメスとオスや、食う・食われるという虫の弱肉強食の世界や、恋愛にまつわる虫の個性について、あらためて研究を進めている。


本書ではまず、現在、展開している研究の紹介から話を始めて、オスやメスの求愛の仕方には体内の物質に基づいた個性があることを紹介し（第1章）、第2章では、たくさんの子供を残すためにオスが採択した方策について、筆者自身が、あるいは学生とともに研究してきた事例を記述する。

オスががんばることで生まれる「性的対立」の悲劇については、第3章でいよいよ紹介する。生殖上の役割がオスとメスで分かれる以上、両者の対立は避けられないのだ。

第4章と第5章では、性的対立の発展の研究史から、実はメスが生殖の実権を握っているのではないかという話まで展開する。そして、結局はメスとオスのタイミングと波長に「愛」は収まるのではないか？という僕の持論を第6章で解説する。めぐりめぐってのこの章では、筆者が「研究職社会人」として最初に取り組んだ研究と発見を紹介し、今、取り憑《つ》かれているカゲロウの交尾タイミングについても語りたい。

第7章ではいよいよ、もしメスとオスが本当に決別してしまうとどのような世界が待っているのかについて考えよう。そこから見えてくる「性的対立の世界」を昆虫学の目で問い直して、この本を書き終えることができれば、と考えている。

第1章　ドーパミンが生き方と求愛を決める

虫を飼うにもお金がかかる

僕は２０１４年に文部科学省から科研費（科学研究費補助金）をいただいて、現在も「生物の動き」を進化生態学的に解明するプロジェクトを率いている。

科研費とは、「学術研究」の発展を目的とし、応募して審査で採択されると支給される研究費である（新規採択率は２〜３割）。国立大学での教員の研究を支援するために国が補助する運営交付金が年々減らされ続けるなか、これが採択されなければ基礎的な研究は続けられない。だから日本の多くの研究者は必死に、この科研費をめぐって競いあっている。

科研費は比較的、研究者が面白いと思う研究を追究する自由が許された補助金制度である。電気代やガス・水道代などをまかなうお金もほぼ与えられない現在の大学研究室、とりわけ実験系の研究室では、この科研費が採択されるか否かは死活問題だ。研究者の本来の持ち味であるはずの「自由な発想による研究」を行うためには、あとは自腹で研究するくらいしか残された道はない。これでは将来、日本発のユニークな研究が皆無になり、結果、国の損失となるのは火を見るより明らかだ（社会がそれに気付き出したのは、ここ数年のことである）。

研究費がなければないで虫の行動を研究する方法を僕はいくらでも知っているのだが、予算があれば、できる研究の広がりや深さが違ってくるのは当然だ。

虫をただ飼うのにもお金はかかる。飼育して実験するために、僕の研究室では、常に20台ほどの恒温器が一年中フルで稼働している。虫の行動や生態を実験室で明らかにするためには、一定の温度環境で昆虫を飼い続ける必要があるためだ。そうしないと、観察できた行動が環境の変化のためなのか、遺伝のためなのかわからなくなってしまう。

僕はなにも科研費をもらった自慢をしようとしているのではない。一般の方には馴染《なじ》みのない「虫の研究」がどんなふうに進められ、また、どこまでテーマが高度になり実証方法が正確になれば、国が金を出してもいいと判断する「意義」を持ちうるかを、僕らの研究の歴史を例にして、知ってもらいたいのだ。

死にまねする虫

もう20年以上も前のことになる。大学の先生になる前に僕は、沖縄県の研究職員として甲虫の一種であるアリモドキゾウムシというサツマイモ害虫の防除に関する研究をしていたことがある。

口吻《こうふん》がゾウの鼻のように長いためゾウムシと呼ばれるこの虫は、刺激を与えると独特なポー

写真1　死んでいるゾウムシと死にまねするゾウムシ

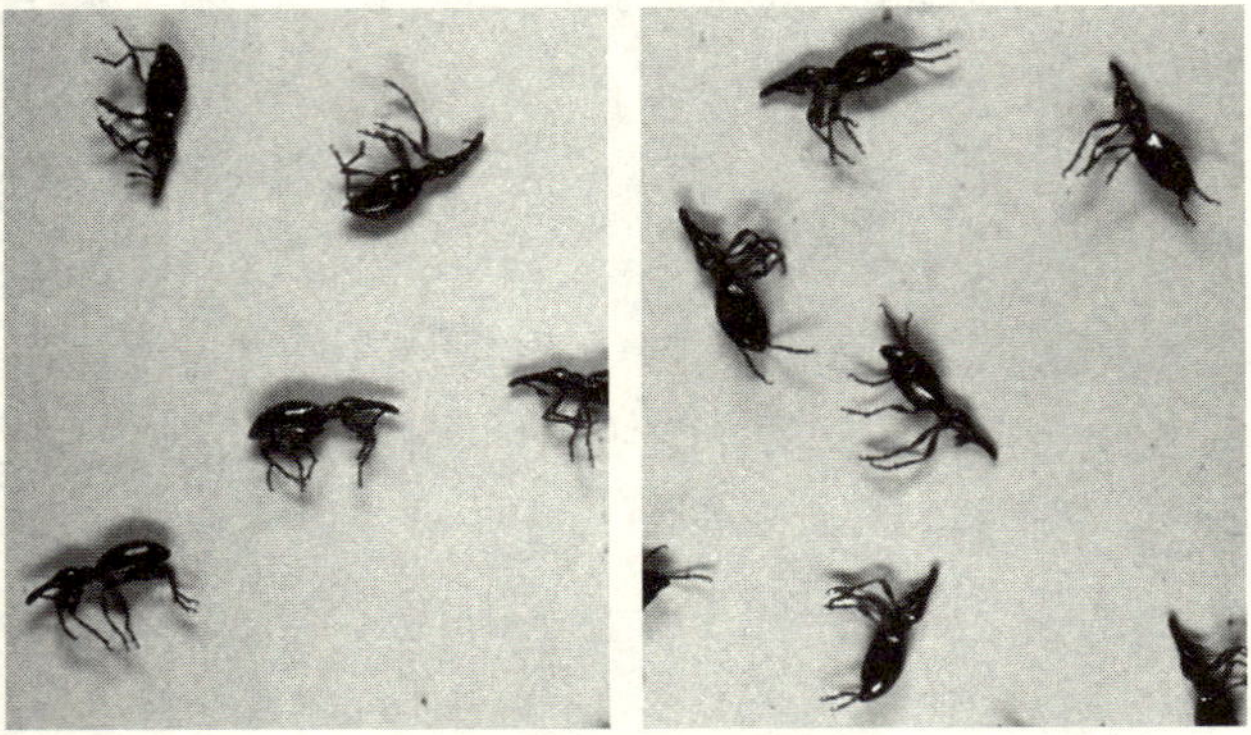

写真提供：著者（以下、特に表記のない写真は著者提供）

ズのままフリーズして、動かなくなってしまう。

ここに2枚の写真がある【写真1】。このうち、1枚が死にまねをしているゾウムシで、もう1枚が死んでいるゾウムシである。読者の皆さん、どちらが死にまねをしているアリモドキゾウムシか、おわかりになるだろうか？

答えは、右の写真である。この虫の死にまねポーズの見分け方には3つのポイントがある【図1】。第1に、死にまねをしている個体は2本の触角が同じ向きに整然と揃《そろ》っているが、死んだ個体の2本の触角はダラッとして揃わない。第2に、死にまねしている個体の背中は、反り返っていて、いかにも緊張しているかのようだ。一方、お亡くなりになった個体の背中は、反らずに穏やかな曲線を描き、いかにも自然体である。安らかな感じ

図1　死にまね見分ける3つのポイント

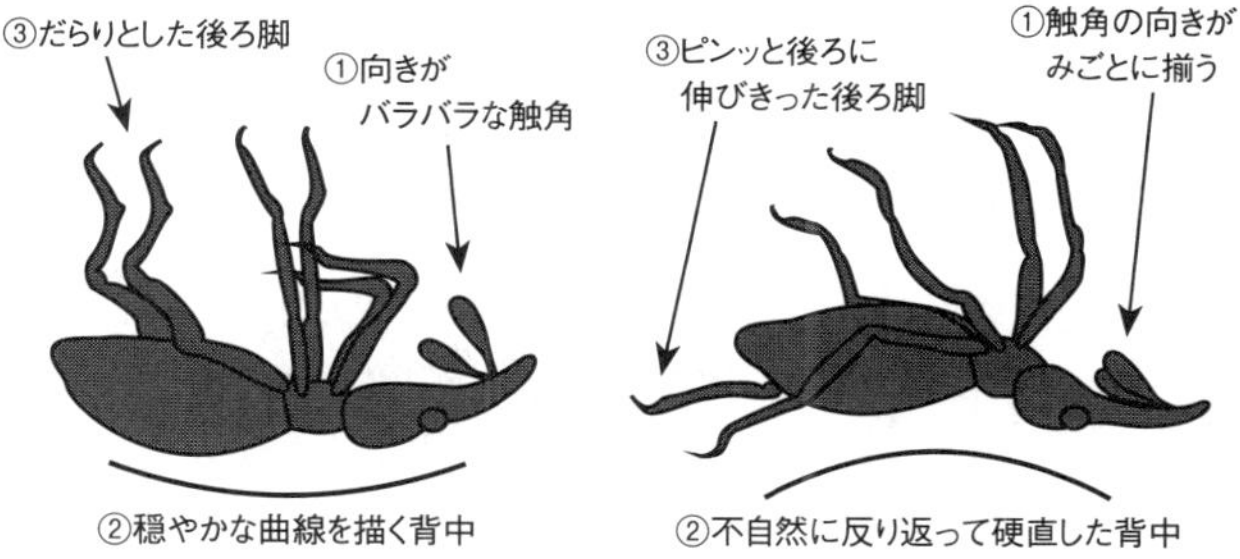

がするという言葉がふさわしい。第3のポイントは後ろ脚である。死にまねをした個体の2本の後ろ脚は、ピンッと後ろ向きに伸びきっているが、死んだ個体の後ろ脚はそうはならない。

この独特な死にまねポーズが面白くてたまらなくなった僕は、何度も何度もこの虫を触ったり、ピンセットでつついたりしてみた。この実験は害虫防除の仕事中にするわけにはいかず、土日かアフターファイブの楽しみとなった。

たくさんのゾウムシに死にまねをさせてみて、多くのことがわかった。例えば、歩行中のゾウムシを刺激しても死にまねをしないが、休んでいるゾウムシはすぐに死にまねをする。この虫は夜行性であるため、夜には死にまねをしにくくなる。特に夜間、メスが近くにいる時のオスは決して死にまねをしない。交尾のチヤンスである夜には、オスは盛んに触角を振り回して、狂ったようにメスを探し回る。メスが夜に性フェロモンを放出するので、必死でその匂いを探すのだ。そんな時に死にまねなどしているオスが子供を残せないのはいうまでもない。さらに食事中は死にまねしにくい。おなかが減っている虫は死にまねできなくなることもわかった。

ここで僕は、ある法則に気付いたのである。

虫には「活動モード」と「非活動モード」のふたつの生理的な状態があるのだ。そして活動したくない非活動モードの時は死にまねをして、活動モードにスイッチが入ったとたんに死にまねをしなくなる。というより、死にまねできなくなるのではないかということだ。この傾向は、虫を空腹にさせた時に顕著に表れた。エサであるサツマイモを取り上げて空腹にさせたゾウムシたちは死にまねしなくなり、ひたすらエサを探して歩き回る。死にまねよりも、生きる糧を探すほうが大事だからに違いない。

死にまねなどの敵から逃げる生存術や、交尾して子孫を残す繁殖戦略の決め手として、これまで研究者たちは体格や日齢（ここでは成虫になってから経過した日数）について議論してきた。もちろん、ある虫の集団全体の平均値として見れば、体格がよい個体ほど生存には適し、若いほうが繁殖に適しているだろう。しかし、いくら体格がよくても、あるいは若くたって、それだけでは〝決め手〟にならないのではないか。決め手の根底にあるのは「虫の活発度合い＝動き」かもしれない、と、この時、僕は直感した。

しかし、虫の動きを支配する詳細なメカニズムを調べるのは、あまりにも基礎的な研究であり、害虫防除の応用研究機関では認められない研究テーマだと思えた。

イラスト①

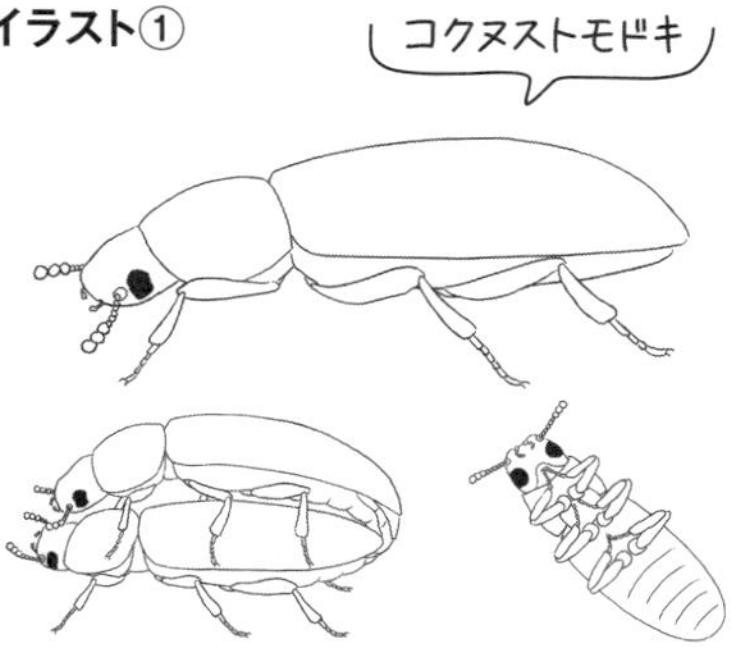

「昆虫の動き」を研究する

2000年に大学教員の公募に応じ、岡山大学に採用が決まった時、僕は「昆虫の動き」をつかさどる仕組みと、その結果もたらされる生存と繁殖における有利・不利を調べるという基礎的な研究を本格的に開始しようと考えた。

沖縄で死にまねを観察したアリモドキゾウムシは外来生物であるため、岡山大学で飼育することは困難である。そこで新しく研究対象として選んだのが、コクヌストモドキという名前の体長3㎜の甲虫だった【イラスト①】。この虫なら岡山にも生息している。

この虫は米や小麦などの穀類を食べて繁殖し、数が増え、いつの間にか穀類がなくなってしまうほどの被害を与えることから、穀盗人《ぬすっと》のようだという意味で「コクヌストモドキ」と名付けられた。もともとこの虫は樹木の樹皮下で暮らしていたと考えられ、体が平べったい形をしているのは、そのためだといわれている。人間が活動するようになって、この虫の暮らしは大きく変わった。米や小麦などの穀類が貯められたところに棲《す》んで数を爆発的に増やし、世界各地で人類の食糧を脅かす大害虫となったのだ。

探すはコイン精米機

虫を研究するには、まず野外からその虫を採ってこなければならないが、皆さんが思い浮かべる昆虫採集とは随分と異なって、この甲虫の採集はあまりにもそっけない。

まず虫採り網は不要である。採った虫をきれいに保存しておくための三角紙や、保存するための毒ビンもいらない。必要なのは、食品を保存する時に使うジッパーの付いた厚手の透明ビニール袋とブラシ（ハケ）とプラスチック製の小さなチリトリの3品である。ジッパー付きビニール袋はスーパーで、ブラシとチリトリは100円ショップで購入できる。

いざ虫採りに出発だ。たいていは駅前のレンタカー店でカーナビの付いた車を借り、田舎に向かう。四駆などは必要なく、舗装された道路を普通に走れる車でいい。国道や県道沿いに目を凝らして、虫ではなくコイン精米機を探しながら車を走らせる。

人間にはみごとな探索能力が備わっており、何年もコイン精米機の設置場所を探す旅を続けていると、その色や形が探索イメージとして脳裏に焼き付く。精米機メーカーはそう多くないので、色や形のパターンは数種類しかない。するとかなり遠くからでも精米機を発見できるように能力がアップする。そんな能力がアップしたところで、生きていくうえではあまり役にも立たないのだけれども。

コイン精米機にはその用途から必ず駐車スペースがあるため、そこに車を停《と》めて、コイン精米機の横に設置してある米糠《こめぬか》の貯穀庫（正式には糠小屋と呼ぶらしい）で虫を探す。米糠の中でこの虫は暮らしているのである。

昔、コイン精米機は自分の足で見つけるか、あるいは精米機メーカーに電話をして、設置箇所の住所一覧を事前に教えてもらったりした。新手の泥棒とでも思われたのか、なかなか教えてはいただけなかったが。当時はＧＰＳも普及していなかったので都道府県道路マップを購入して、それを見ながら車で走り回って探した。最近はなんとコイン精米機設置場所検索サイトなるものまで存在する。市区町村名を入力すると、たちどころに設置場所がわかる。

米糠をブラシで探って

さて貯穀庫に米糠があると夏場にはたいてい、この虫が自然にわいている。気温28℃を超えるとコクヌストモドキはよく飛ぶようになるため、米糠の匂いを嗅《か》ぎつけてどこからか飛んできて、貯穀庫に棲みついて繁殖するのだ。僕たちは貯穀庫の隅っこや桟《さん》に溜《た》まっている糠をチリトリにとって、コクヌストモドキがいないかブラシで丹念に調べていく。たいてい数匹はいる。採った虫は少量の糠と一緒に、採集場所と日にちをメモしたビニール袋へ放り込む。それで終わりだ。昆虫少年だった僕にとって、まったく昆虫採集とは呼べない代物《しろもの》である。注意すべきことといえば、白っぽい服を着ていったほうがいいことくらいだろうか。黒い服だと白っぽい糠だらけになってしまい、格好が悪い。

数十匹も採集すれば、そのなかにメスもたくさんいる。実験室に持ち帰って小麦粉と一緒に入れておくと、卵を生んで勝手に増え続ける。水がなくても小麦粉だけで繁殖する。25℃の恒温器に入れておけば、長寿なこの虫は1年以上も生きている。

僕はこれまで何十種類かの虫を飼ってきたが、これほど手間いらずに増える虫はいない（だから、この虫は殺虫剤抵抗性の試験などのために、農薬会社の研究室でもよく飼われている）。親から卵が生まれて、次世代が親になるまで1カ月半くらいとサイクルが短いのも都合がいい。累代飼育（世代を経て飼育すること）ができるため、実験室で進化現象を追うのに適しているのだ。

コクヌストモドキの長所

よく動く個体とあまり動かない個体では、体の中にどのような仕組みの違いがあるのだろうか。その違いを最も目に見える形として引き出すためには、どちらかの性質を選択してグループを育て、その差を明確にさせる育種実験が有効な方法のひとつだ。

そこで、採集したコクヌストモドキを使い、刺激によって動かなくなる虫と刺激を与えても動き続ける虫を、人為的につくろうと思った。小さな野生の木の実からリンゴを育種した人のように、虫を育種してみようと考えたのだ。

県の行政府と違って、大学では10年のスパンで研究計画を立てることも可能である。岡山大学に転職した2000年から開始したこの育種実験は、現在でも続けており、そのあいだに飼育した世代数は45を超えている。

この実験でコクヌストモドキを対象とするにあたっては、採りやすい、エサを選ばないという利点以外にも、いくつものメリットがあった。

写真2　個別に虫を飼うためのセルプレート

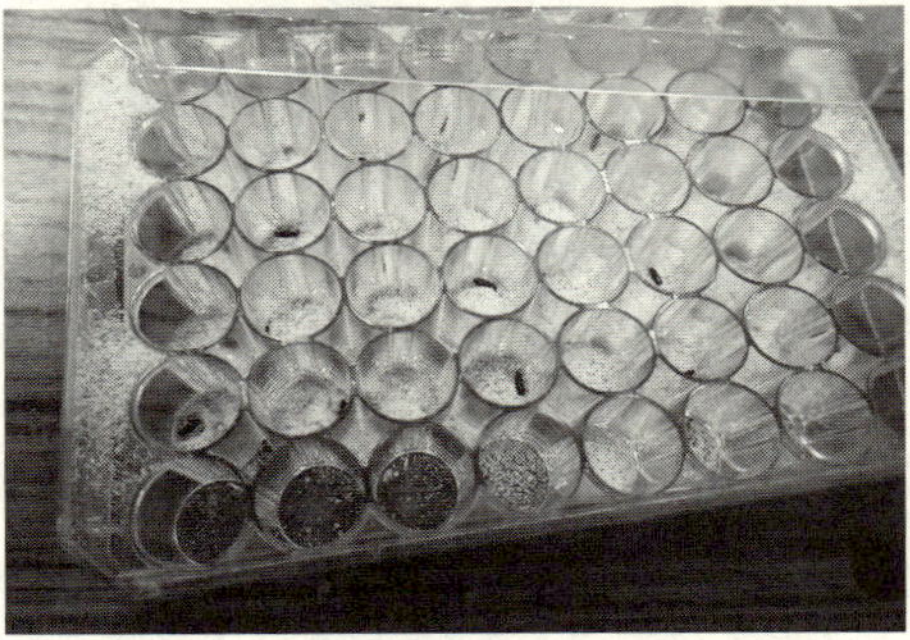

大学では、卒業研究や博士論文のために多くの実験を学生が担当する。しかし虫を飼うことに関して、人には明らかにふたつのタイプが存在する。上手に虫を飼うことのできる人と飼えない人だ。両者を見極めようにも、実際に虫を飼ってみないことにはわからない。ところがコクヌストモドキは、後者タイプの学生でもたいていは飼うことができる、特別な虫である。この虫を実験に使うメリットのひとつはそこにある。

この虫を簡易に飼い続けるために、僕たちは効率のいい飼育システムへの改良を重ねてきた。個体ごとに虫を飼う必要のある場合には、生化学実験に使う48穴のセルプレート【写真2】の中に虫を1匹ずつ、少量のエサと一緒にし、恒温器に入れておく。出入りの業者さんには「これで虫を飼うのですか!?」と驚かれるのだが、1枚のプレートで48個体のコクヌストモドキをすべて識別して飼うことができる。

虫の行動を精密に調べて科学的に信頼の得られるデータを取得するためには、何百から、時には千に近い単位の虫を、個別に一定の環境条件で飼育し続ける必要がある。そのためには、いかにたくさんの虫をコンパクトに飼い続けるか、その工夫が欠かせないのだ。

コクヌストモドキを実験に使うメリットは、飼育の容易さだけではない。この昆虫は基礎生物学のモデルとして昔から利用されており、僕たちが実験を開始した2000年頃にも近々、ゲノム（全遺伝情報）が解読されるという予感があった。

現在ではDNAの塩基配列を読むシーケンサーという装置の技術が画期的に進んだおかげで、モデル生物ではない生き物でも容易にゲノムを解読することはできる。しかし当時、近い将来に全ゲノムが明らかになるだろう生物種を研究対象とする利点はとても大きいと考えられた。全ゲノム配列がわかれば、「動き」を支配している遺伝子の解析が格段に容易になるはずだからだ。

実際、2008年にその予感は的中した。米国の研究グループがコクヌストモドキの全ゲノムを解読し"Nature"誌上で公開した。予想どおり、コクヌストモドキの行動を研究するとゲノムにまで解析が容易に行き着けるようになって、進行中の科研費プロジェクトでは、コクヌストモドキの動きをつかさどるゲノム解析にも発展している。

虫を「育種」するとは

ここで、育種実験がどのように行われたのかを書いておこう。

飼育したコクヌストモドキから任意に各100匹のオスとメスを選んだ。虫の年齢が及ぼす効果を除くために、成虫になってから15日目の虫を揃えて、死にまね行動の時間を測る。

100円ショップで購入した白い陶器の皿に、絵筆の先を使って1匹ずつ虫を置く。歩き出したら、絵筆の反対側の先でちょっと突いてやる。すると、この刺激に反応して動かなくなる個体がいる。動かなくなった瞬間から再び動き出すまでの時間をストップウォッチで測るのだ。これをオスとメス100匹ずつに行う。同じことを200回繰り返すわけだ。

1回の刺激で反応しない個体については、同じ刺激を3回まで与えてみる。3回突いてもフリーズしない個体は「死にまねをしない個体」として記録する。そして死にまね時間の長かった個体から短かった個体まで順位をつけて記録し、そのなかから最も死にまね時間の長い10個体のオスと10個体のメスを交尾・繁殖させ、これを「ロング系統」と名付けた。反対に最も死にまね時間の短い10個体ずつを交尾・繁殖させ「ショート系統」とした。多産であるこの虫が生んだ子供から、前の世代と同じように再び各100匹のオスとメスを選ぶ。そして再び死にまねをさせ、ロング系統では毎世代最も長い時間死にまねをした個体を、ショート系統からはほとんど死にまねをしない個体をオスとメス10匹ずつ選び育種を続けた。この虫は卵から親になるまで1カ月半くらいかかるので、ひとりの卒論生が1年のあいだ実験して、8世代ほどを回せる計算になる。

育種実験のプロトコール（手順）に従って約30世代（4年間）にわたる実験をしてくれたのは、僕の研究室を卒業研究の場として選んだ3人の学部生たちだった。この育種実験は驚くほどうまく進んだ。育種の結果、刺激に対する反応は明瞭な違いとなって表れた。

ショート系統の虫たちはどれだけ刺激を与えても動き続ける集団となった。かたやロング系統の虫たちは、ほんの少し手で触れただけでも、ピタッとフリーズして数十分も動かなくなる集団となった。

食われる一族、逃れる一族

こうして比較観察する対象を完成させ（20世代目の頃だ）、いよいよ「動くことと動かないことのメリットとデメリットの比較」を実証する時が来た。２００４年、最初に実験したことは、「敵からうまく逃げられるのはどちらか」であった。

コイン精米機でも時々見かけるハエトリグモを敵（捕食者）に見立てることにした。大学の農場や校内で7種類以上のハエトリグモを捕まえて観察すると、硬い殻を持つコクヌストモドキでもよく食べるハエトリグモがいた。体長約8㎜のアダンソンハエトリという種だった【写真3】。

写真3　アダンソンハエトリ

僕は研究仲間の協力も得て、28匹のアダンソンハエトリを集めてきた。1匹のクモと1匹のコクヌストモドキがワンセットである。14匹のクモは「よく動くように育種されたコクヌストモドキ（ショート系統）」と、残りの14匹のクモは「フリーズするよう育種されたコクヌストモドキ（ロング系統）」と同居させて、それぞれ直径8㎝のシャーレの中に入れ、15分間観察した。

その差は、明らかだった。よく動き回るショート系統は9匹が食べられてしまった（生存率35・7％）のに対して、動かないロング系統は13匹が生き残ったのだ（生存率92・9％）。これで

「不動になること」には「天敵に襲われない」という生存上のメリットのあることがわかった。

交尾できる一族、できない一族

「よく動く個体」と「動かない個体」。両者では何が違うのだろうか。

寿命はどうだろうか？という疑問は当然出てくる。しかしコクヌストモドキは非常に長命で1年以上も生存するため、卒業論文のテーマとしては不向きである。そのため、院生たちは、寿命の短い別の甲虫を使ってコクヌストモドキと同じ実験に挑んでくれた。アズキゾウムシ（アズキ豆からわいて出てくる小さな甲虫）である。

「動かない集団のメス」は「よく動く集団のメス」に比べて、大きなサイズの卵を生んだ。大きな卵から生まれる個体は、その後の発育もいいのが普通である。案の定、動かない親から生まれた子供は、卵から成虫になるまでの発育期間が動き回る個体に比べて短く、成長も動き回る親の子に比べて断然よかった。そして長寿であった。

これでは「動かない個体」は、いいことずくめである。動かない個体は動く個体に比べて、天敵に襲われにくく、発育は順調で、より長寿であり、メスは大きな卵を生み、生まれてくる子供がより高い確率で成虫に成長した。動かないという基本戦略はエネルギーを温存できるため、このような結果が生じたと考えられた。

しかし、生物界では「すべてがよい」という結果はありえないのが常である。大卵少産（大きな卵を少数生んで大事に子育てする）か、小卵多産（小さな卵をたくさん生んで生き残る率にかける）かの例で顕著なように、「トレードオフ」と呼ばれる二律背反が機能するためだ。

ここで本書の本題、「交尾と求愛」が絡んでくる。結論を先にいうと、このケースではトレードオフの関係になっていたのが求愛であり、交尾の成功であった。このトレードオフは、コクヌストモドキのショート系統とロング系統を使って実証された。

当時、研究室に在籍した院生はひとつのシャーレ（直径8㎝）にコクヌストモドキの動き回るショート系統のオス1匹と5匹のバージンメス、もうひとつには動かないロング系統のオス1匹と5匹のバージンメスを一緒に入れて、15分間の交尾を観察した。

すると動かないオスは、そもそも積極的にメスに近寄らない。つまり異性との出会いがほとんどないのであった。メスがたまたま近くを訪れた時だけ、求愛のチャンスが生じる。交尾回数を平均すると、動かないオスでは15分間に約2匹のメスと交尾していた。これに対して、よく動くオスは、同じ状況で3～4匹のメスへ積極的にアプローチして次々と交尾に成功した。

「次世代にどれだけ多くの子供を残せるか」という生存競争において、1・5から2倍というこの差は大きい。いくら天敵から逃れて生き延びたとしても、そしてどれだけ長く生きることができたとしても、より多くの子供を残せない限り、世代を超えた生存競争、つまり進化的な競争には打ち勝てないのである。この研究結果は、「天敵を回避する能力と交尾する能力との二律背反：動かなくなることのコスト」というタイトルで、英国王立協会の"Biology Letters"に、2010年に公表された。

虫の動きを制御する「生体アミン類」とは?

ショート系統とロング系統の成長や繁殖における有利・不利を研究しつつ、2003年頃から並行して僕は、彼らの体の中で生じている仕組みの違いについても検証を考え始めていた。といっても、最初は何から始めたらいいのかさえわからない。

僕は大学で生態学は学んだが、体の中のメカニズムを調べる昆虫生理学について学んだ経験がなかった。そこで当時、同じ大学の理学部に在籍されていた先生に教えを乞うた。

生物には、その動きを決める生理活性物質が体内にあるのだという。昆虫の場合、オクトパミンという物質が有名らしい（なんでも、最初にこの物質を抽出した生き物がタコだったので、オクトパミンと名付けられたそうだ）。この物質は人間でいうところのアドレナリンのようなものだとも教わった。甲虫の行動を活発にさせる物質として、オクトパミンの他にもドーパミンやチラミンが存在し、反対に動きを落ち着かせる物質としてセロトニンがあるという。人間の体内にも存在するこれらの物質は、「生体アミン類」と呼ばれている。

これを聞いた数カ月後に、2004年の春の学会が京都で開かれた。もちろん昆虫学者が集まっている。僕はドーパミンについて発表した若手の昆虫生理学研究者の講演を聞きにいき、講演直後にその研究者を追いかけて、「コクヌストモドキの動く個体と動かない個体の体の中で発現している生体アミン類を測ってもらえないでしょうか?」と懇願した。今考えれば当たり前なのだが、その時の研究者の答えはそっけないもので、「いきなりそう言われましても、生体アミン類が発現するのは昆虫の脳ですので、計測にはかなりの労力が必要です。あてのない物質について、いきなり計測するのはリスクが大きいので、せめて生体アミン類のいくつかを甲虫の体にインジェクション(注射)して、物質の見当をつけてもらえませんか?」ということだった。

研究室に戻った僕は院生に事情を話して、動かない集団のコクヌストモドキに片っ端から生体アミン類を注射する、という実験をしてもらった。先端をとても細く伸ばしたガラス管(キャピラリーと呼ぶ)を使って、実体顕微鏡で体長3㎜程度の虫の体に注射するのは、少し老眼の進んだ僕には難しい作業だったからだ。しかし院生はいとも簡単に次々と、注射された個体をつくってくれた。

コクヌストモドキの動きに反応を呼び起こしたのは、ドーパミンとオクトパミンとチラミンだった。そして注射するアミン類が1%から5%、10%と濃くなるにつれて、動かないはずの個体がすぐに覚醒して動き回り、その振る舞いは劇的に変わったのだ。

凄腕《すごうで》の昆虫生理学者

翌年の春の学会（2005年・玉川大）で僕は1年前に声をかけたその昆虫生理学者に、この結果を報告した。彼は「物質の目途《めど》がある程度ついたのですね、では脳の解剖をやってみましょうか」と微笑《ほほえ》んでくれた。彼の名は、佐々木謙博士。当時、金沢工業大学の准教授だった。

さっそく僕は「よく動いてよく交尾する個体（ショート系統）」と「交尾をあまりせず動きもしない個体（ロング系統）」のコクヌストモドキをクール宅配便で石川県に送った。

先ほども書いたが、対象は体長わずか3㎜ほどの甲虫である。その頭をみごとに切り開いて中から摘出したコクヌストモドキの脳が次ページの写真4だ。

2005年10月30日、僕は石川県白山市の佐々木博士の研究室を訪ね、解剖したこの甲虫の

写真4　コクヌストモドキの脳

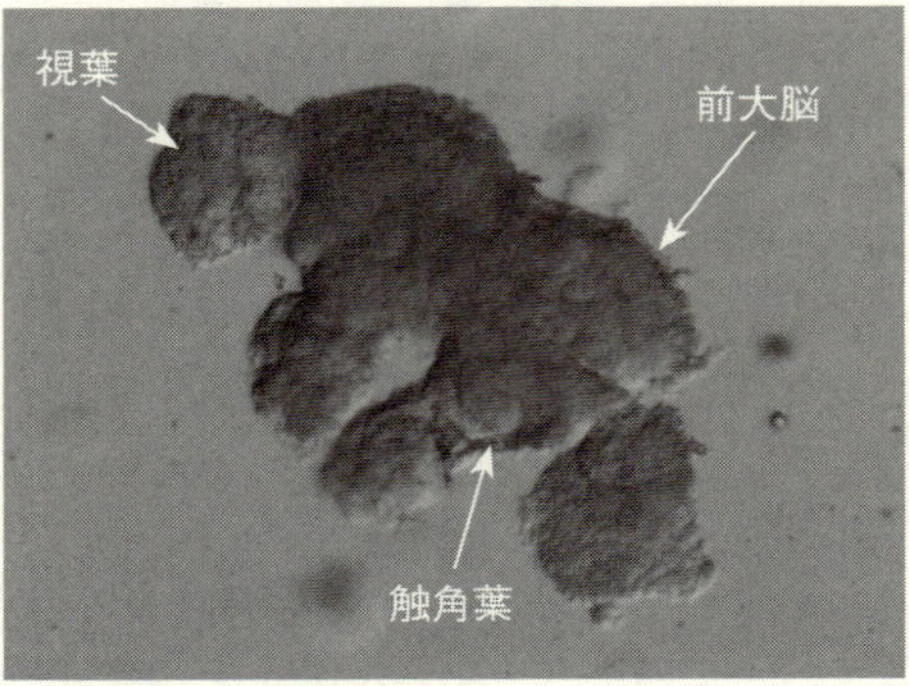

写真提供：佐々木謙

脳を顕微鏡で見せてもらった。日本にはすごい技術を持った科学者がいるものだと本当に感心した。そして後日、博士から送られてきたガスクロマトグラフィー（化学物質の発現量を測る機器）で計測した結果【図2】を見ると、系統の差は一目瞭然《いちもくりょうぜん》だった。普段から動き回りよく交尾するコクヌストモドキの脳には、たくさんのドーパミンが発現していたのだ。

この結果をまとめて、僕らは2008年に国際動物行動学雑誌〝Animal Behaviour〟に公表した。さらに佐々木博士はオクトパミン、チラミン、セロトニンの計測もしてくれたが、これらの生体アミン類では、動く個体と動かない個体のあいだで脳に発現する量に違いはなかった。

どうやらかなり正解に近づいたようだ。そこで僕らはダメ押しの実験を考えた。ドーパミンを活性化させるもの、それはカフェインだ。動かないコクヌストモドキにカフェインを飲ませれば、活発になって死んだふりもできなくなり、求愛にもアクティブになるのではないか。
実験の結果は、カフェインの効果を支持していた。予想したとおり、フリーズして動かないはずの虫は、カフェインを飲むと活発に動き回るようになったのだ。虫だってコーヒーを飲むと活発になるということだ。これらの結果をまとめて、国際昆虫生理学雑誌“Journal of Insect Physiology”に公表したのは２０１０年の初夏だった。

　ここまでの研究結果をまとめてみよう。

　ある１種類の虫のなかにも、よく動き回るオスとほとんど動き回らないオスが存在して、それぞれに異なる有利・不利がある。動き回る虫に異性と

図2　系統によるドーパミン発現量の違い

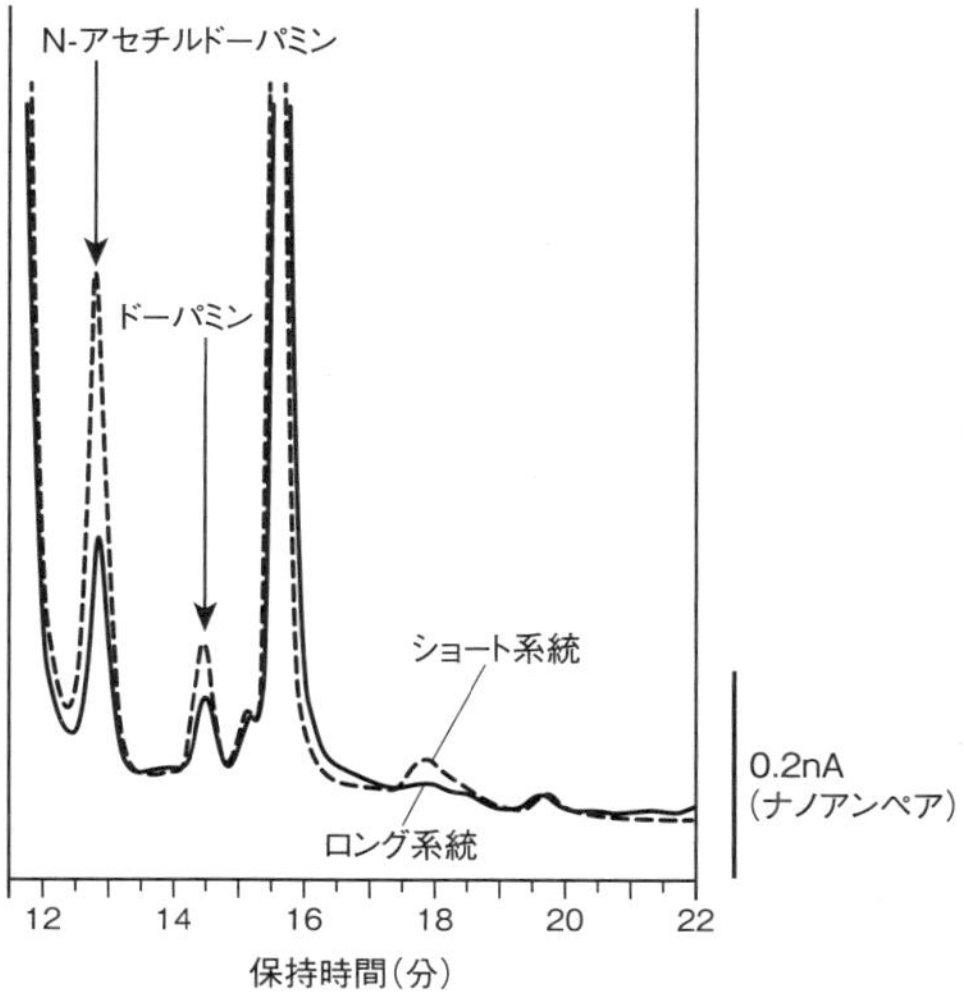

の出会いは多いが、動き回らない虫は敵に見つかりにくい。つまりは、繁殖に有利となるか、生存に有利となるかというバランスのうえに、個々の虫の戦略は決まっているのだ。そして、動き回る虫と動き回らない虫では体の中の何が違うのかを、新たな味方を得た僕たちは突き止めた。それは脳の中で発現するドーパミンの量だったのだ。

そして科研費プロジェクトへ

ここで話はようやく、本章の最初に述べた「生物の動き」を進化生態学的に解明する科研費プロジェクトに戻る。

これまでの一連の実験では、コクヌストモドキが死んだふりをどれだけ続けるか、その持続時間の長い個体と短い個体を育種した。しかし、これはあくまで死んだふりが適応的（敵に食われないための戦略）か否かを明らかにしようとした実験であって、昆虫の活発度を直接、ターゲットにした研究ではなかった。そのため動き自体を調べるための個体を育種して、「生物の動き」そのものに内在する仕組みと機能を調べる必要があると判断した。

そこで新しく、一定時間あたりコクヌストモドキがどれだけ動くか、その歩行距離について、よく歩く個体と、あまり歩かない個体を育種する実験を始めたのだった。

歩行距離を計測するため、虫が歩いた軌跡を追跡することのできるカラートラッカーという自動軌跡追跡装置を使用する（その結果が写真5）。この実験でもまた、バージンメスと交尾するかどうかの観察を行った。するとやはりよく動くように遺伝的に固定されたオスは、動かないように固定されたオスに比べて、交尾に至る確率が随分と高かった。前の実験では、ハエトリグモを天敵に使ったが、歩行距離についての新たな実験では、肉食系のカメムシを天敵とした。それでも結果は同じだった。より歩く個体は、捕食者に襲われやすかったが、交尾には有利だったのだ。逆にあまり歩かない個体は敵に見つかりにくかったが、交尾には不利だった。

この実験は、2011年から大学院に入った院生が担当し、2015年に"PLOS ONE"というオープンアクセスジャーナルに公表した。

次世代シーケンサーという、短期間に大量のDNA情報を解読できる機械の開発が進んだ今、僕らはさらに動き回る虫とそうでない虫の体の中の遺伝子発現量を解析している。動きと交尾の関係

写真5　歩く個体と歩かない個体の軌跡

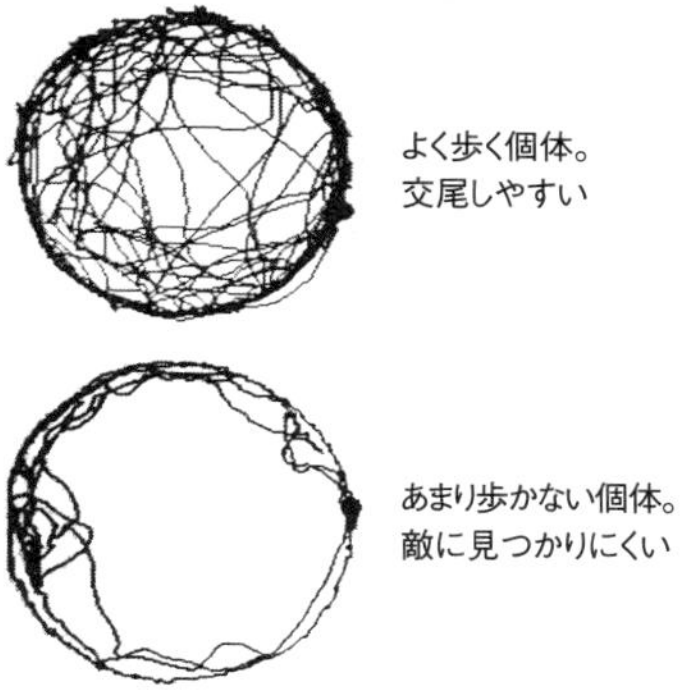

をゲノムレベルで解明しようとしているわけだ。コクヌストモドキがモデル生物であり、すべてのゲノム配列が明らかになっていることはすでに述べた。この特性を活《い》かして全遺伝子の発現量を比較しているところなのである。

1〜2年以内にはこの結果を世界に向けて発信できるように、研究を進めているところだ。結果を公表できれば、「より交尾ができる」というオスの行動に寄与するゲノム領域が明らかになるだろう。

よく動くメスの場合は

動くオスは、よく動き回ることでメスとの出会いが増えるため、交尾に至る確率が高いことはすでに書いた。では、メスはどうだろうか？　31ページの補足として報告しよう。

単純に考えれば、よく動くショート系統のメスも出会いが多くなって、より交尾できるはずである。ところが実験の結果は、1匹のオスと5匹のメスを同居させた時にはオスはより多くのメスと交尾できたが、逆に1匹のメスと5匹のオスを同居させても、動き回るショート系統のメスと動かないロング系統のメスで交尾できるオスの数は変わらなかったのである。これは、メスは一度交尾をすると、すぐに他のオスと再び交尾するわけではないことを示唆している。

言い換えると、動き回ることで、オスは出会いが増えて受精できるメスの数が増え、残せる子供の数は交尾したメスの数だけ増えることになるが、メスはたとえ出会いが増えても残せる子供が増えるわけではない、つまり動き回ることの実質的なメリットは（少なくともこのような短時間の実験結果からは）メスでは見えてこない、ということになる。

メスとオスの利害は、単純にパラレル（平行）ではないわけだ。これについては第4章以降で詳しく解説することとして、求愛をがんばるオスには様々な戦法があることを、次章では紹介する。

第2章　がんばるオス

オス同士は闘う宿命にある

オスとメスの違いについて書き始めたらキリがない。体のつくりも違うし、遺伝子も違えば、考え方も違うだろう。

けれども性的対立がテーマのこの本で知っておいてほしい重要なポイントは、オスとメスでは個体サイズのばらつきに随分差があることだ。生物の多くでは、オスには大きい個体から小さな個体まで様々なサイズの個体がいるが、メスは平均的な大きさの個体が多数派を占める。オスとメスでこの関係が逆転している生物も存在するが、それは少数派である。

メスとオスのこうしたサイズ分布の違いは、その生き方の違いに由来する。

メスは卵を持っていて、これはオスにとってもメス自身にとっても貴重な資源である。精子と比べて卵はサイズが大きいため、メスの持てる卵数は決まっており、飛躍的に増やすことはできない。メスは受精のために、少なくとも1匹のオスと出会う必要があるのだが、一度交尾をすませると、そのあと何匹のオスと交尾しても、残せる子供の数は変わらない。

オスではこの事情がまったく異なる。2匹のメスとの受精に成功したオスは、1匹のメスとだけつがったオスに比べて、単純に倍の数の子供を残せるのだ。卵子に比べて精子の数は無限に近いのだから、交尾相手となるメスの数が増えるほど、オスが後世に残せる子供の数は直線的に増える。とはいえ多くの生物では、基本的に性比（オスとメスの数の比）は1対1なので、あるオスがたくさんのメスと交尾をすると、交尾にあぶれるオスが生じてくる。なぜならメスは複数回の交尾を必須としないからだ。

そのため、メスとの交尾をめぐってオス同士の争いが起きる。これを「オス間競争」と呼ぶ。この競争に負けると子供を残すことができないため、オスは必死である。激しいオス同士の闘いの始まりだ。

ここで時代はさかのぼる。昆虫学者を目指していた学生時代の僕を魅了したのも、異なる繁殖戦略をめぐるオスとメスの生きざまだった。

ヘリカメムシたちの夏

琉球《りゅうきゅう》大学の昆虫学研究室に、卒論生として1982年度から83年度にかけ在籍した僕は、アシビロヘリカメムシという名前のカメムシの「オス間闘争（体をぶつけあって闘う）」を研究した。

この虫はとてもかっこいい【次ページのイラスト②】。黒くて大きな背中、黒と橙色《だいだい》のダンダラ模様のおなかをしている。団扇《うちわ》みたいに広がった後ろ脚をぶら下げ、まるで舵《かじ》を取るように沖縄の青空を自在に飛ぶ。しかしゴーヤー（ニガウリ）の果実の汁を吸うので、人にとっては害虫である。

指導教員がくれたテーマは、この虫の交尾行動だった。そこで僕はさっそく、沖縄本島のフィールドに出かけた。那覇《なは》市のさらに南に位置する糸満や知念に広がるゴーヤー畑を歩いていると、目前に広がるサンゴの海とゴーヤーの緑の葉っぱに沖縄の太陽が当たり、照り返しで一面がきらきらしていた。

約2週間で7167個の果実を調べたが、観察できた虫の数はたったの99匹だった。

イラスト②

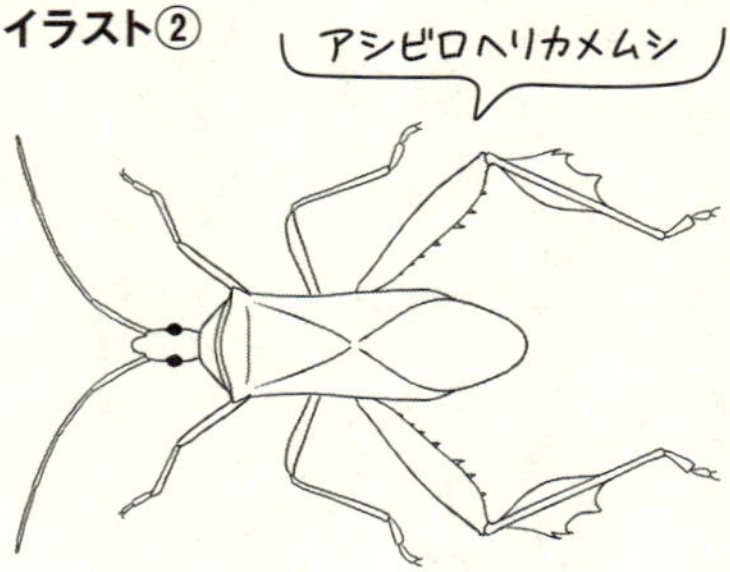

時折、何匹かのアシビロヘリカメムシがゴーヤーの果実に長い口吻《こうふん》を突き刺し、汁を吸う様子も見られた。気が付けば、汁を吸っている成虫の多くはメスである。調べると果実の上にいた60匹のメスのうち84%が汁を吸っていたのに対して、調べた39匹のオスのうち汁を吸っていた個体はわずかに41%だった。また、ひとつのゴーヤーの果実にオスはたいてい1匹しかいな

いが、多くの果実でメスは複数で汁を吸っていた。オスは、ゴーヤーの果実を自分の縄張りとして見張っているのに違いない。汁を吸っていない個体が多いのは、警戒しているためだろう。交尾中のペアを見かけたりもしたが、普段はゆっくりと汁を吸っているメスの傍らで、オスは触角をピンと上方向に伸ばして周囲を警戒している。

そんなふうに観察を続けたが、フィールドではオスがメスに求愛したり、オス同士が闘う場面はめったに見られない。メスが食事するのをオスが守っている様子を見ているだけでは、どのようなオスが闘いに勝ってメスと交尾できるのかを明らかにすることはできず、この虫の交尾行動を定量的に研究したことにはならない。

僕はこの虫をたくさん採ってきて、実験室で飼うことにした。

ところがこの虫は生のゴーヤーなどを与えないと、2～3日で死んでしまう。交尾行動を観察するためには、交尾をしていないメスのサンプルをたくさん手に入れなければならない。そのため100匹以上もの虫を個体飼育することにし、1匹ずつ小さなプラスチックカップ（漬物などを入れて売っている透明な容器）に入れて飼うのだが、切ったエサのゴーヤーを交換するだけで長い時間がかかってしまい、観察する時間がとれない。そこで、横着するためにバケツにゴーヤーを丸ごと数個入れて、何匹ものオスとメスの成虫を放っておいた。

しばらくすると、バキッ！とか、バシッ！という音がバケツから聞こえてくる。なにごとかと驚いてバケツのフタを外し、ぶったまげた。オス同士が後ろ脚を広げて、互いに相手の体を挟もうと懸命になっている。音はアシビロヘリカメムシ同士の広げた後ろ脚がぶつかる時に発せられるものだった。

これは面白い。カメムシもこんなに激しく闘うのか。まるでクワガタやカブトムシの闘争みたいではないか（横着から見つかる科学もあるわけだ）。

その瞬間以降、オス間闘争の研究に夢中になったのだ。こんな面白い現象があるのなら、それを調べなくてどうするのだ。

思えばこれが、僕の科学に対する一貫した姿勢であった。面白いことが役に立つかどうかは、その時には誰もわからない。けれど、研究している本人がまず面白がらないことには、他人にその面白さは伝わらない。

カメムシの熱い闘い

いったん研究テーマにはまると、次々と疑問がわいてくる。どんなオスでも闘うのだろうか？　体サイズの大きなオスが闘いに勝つのだろうか？　オスとメスで体サイズはどう違うのだろうか？
ノギスを使って体サイズを測ると、見えてきたことがある。生物一般に当てはまる法則がアシビロヘリカメムシにも当てはまった。つまり、メスはどの個体もだいたい似たような体サイズなのだが、オスのなかにはとても大きな個体と、非常に小さな個体がいる。この虫でもオスとメスで体サイズのばらつき具合が違ったのだ。

次には、小さなオスも闘うのだろうか？　そして闘いの決まり手は相手によって違うのだろうか？という疑問がわいた。

この疑問を解消するためには、バケツにたくさんのオスを入れて闘わせるわけにはいかない。どれがどの個体だかわからなくなるからだ。そこで、1対ずつ対戦させてみることにした。ところが、ゴーヤーをひと切れ置いてみても、オスはいっこうに闘ってくれない。それはオスが一片のゴーヤーを、「闘ってまで守る価値がない」と判断しているためだった。

そこで僕は、アシビロヘリカメムシのオスが「縄張り意識を持って闘う状況」をつくることを考えた。試行錯誤した結果、針金でつくった虫かごの天井から麻紐《あさひも》でゴーヤーを丸ごと1個吊《つ》るしてみた。周囲をラップで覆えば、アシビロヘリカメムシの闘争観察装置の完成だ。

この装置が完成すると、観察は飛躍的に容易になり、オスをこちらの思うように対戦させることが可能となった。なぜ切られたゴーヤーでは縄張り意識が芽生えず、丸ごと1個になると縄張り意識が芽生えるのか、詳細はわからないが、縄張りを意識させるにはある大きさ以上の空間が必要なのかもしれない。

まず、ゴーヤーに1匹のオスを放つ。しばらくするとオスは、自分の置かれた状況に落ち着き、そこが自分の縄張りであるという意識を持って周囲を警戒し始める。そこに別のオスを麻紐の上へそっと放してやるのだ。

新たなオスが麻紐をたどってゴーヤーの果実に到達するや否や、先住オスはすぐさまライバルの侵入に反応して「定位（相手のそばまで接近し、相手を見つめたり触角をそちらの方向に向けたりして、そこに相手がいることを認識するしぐさ）」し、素早く「接近」する。そして、ピンと伸ばした触角で相手の背中に触る。彼らは触れることで匂いを感知し、同種の生き物かそうでないか、オスかメスかもわかる。

写真6　求愛に見えるが攻撃中

ライバルオスだと認識するや、扇状に広がった後ろ脚を相手に向けて、大きく見せつける。これを「威嚇」と呼ぶ。さらに2本の前脚を前方向に持ち上げて相手の背中に乗せ、手前に引く【写真6】。これはオスがメスに対して求愛する動作にそっくりなので、僕はこれを「求愛様攻撃」と名付けた。昆虫の行動を記録する時に、その行動に名前を付けて定義しておくことは大事である。のちに他の研究者が論文を読んで、同じことを再現できるようにするためだ。

写真7　勝者が敗者にマウント中

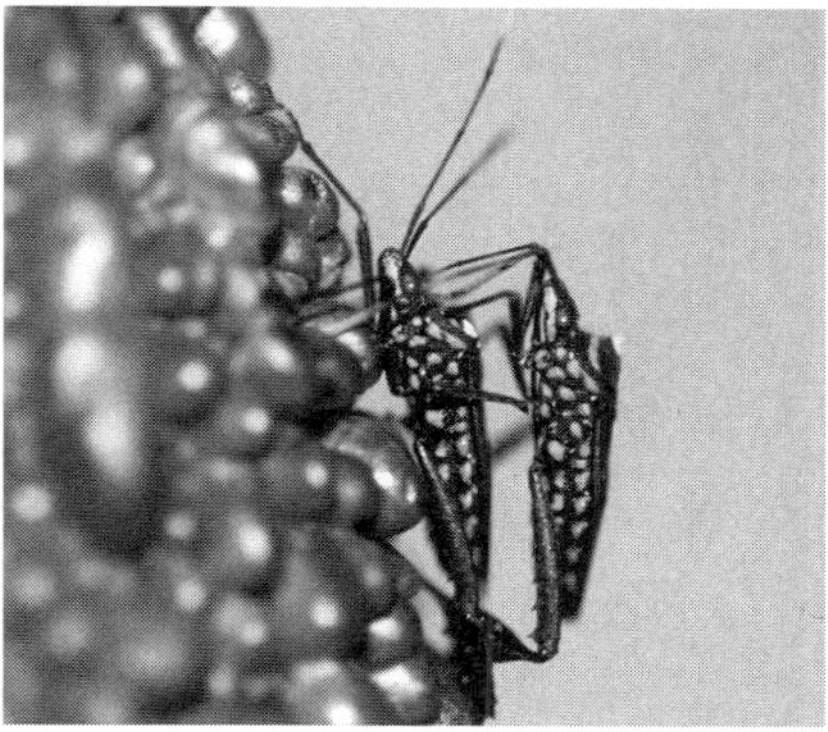

観察を続けよう。

アシビロヘリカメムシの闘争は威嚇や求愛様攻撃だけで勝敗がつくことも多い。敗れたオスは、前脚を前方に伸ばし、後ろ脚を後方に一直線に伸ばして体をひれ伏し、ゴーヤーにへばりつくようなポーズをとる。「まいりました」というアピールである。僕はこれを「服従姿勢」と名付けた。勝利したオスは、敗者に馬乗りになって、触角を基部（頭に最も近い部分）から90度、下に伸ばして敗者の頭や胸をいじりながら、勝者であることをアピールする。これを「マウント」と僕は呼んだ【前ページの写真7】。

ゴーヤーの上でひれ伏した敗者は、見ていてもなんだかかわいそうなくらい、打ちひしがれた様子に見える。しかし、マウントして威張っている勝者が少しでも何かに気を取られて油断した隙に、ひれ伏した敗者は体をブルブルッと震わせる。一瞬驚いた馬乗りの勝者との間に隙間ができた瞬間、敗者は一目散にダッシュして、ゴーヤーから猛スピードで走り出していくのである。たいていはゴーヤーの果実から一目散に逃げ出したが、まだ近くにいる場合には、マウントしていたオスは執拗《しつよう》に敗者を追いかけて、ゴーヤーの果実から追い出すのであった。

これでは、まるで人間やサルの喧嘩《けんか》と変わらないではないか？　虫なのに、である。

闘いはエスカレートする

もちろん、このマウントのように、儀式的な勝利のアピールや敗北のポーズをとるだけで終わらない闘争もあった。そんな時、攻撃はまったく違った形をとる。

まず片方のオスが後ろ脚で相手の体を叩《たた》いて威嚇する。するとやられたほうも同じ方法でやり返すのだ。バシッ、バシッと音が聞こえるほどの打撃が何度か続く。それでも決着がつかない場合には、いよいよ両者が後ろ向きになって、発達した後ろ脚で相手の体を互いに締めつける闘争行動へとエスカレートする。

2匹のオスは、この姿勢から互いに腹部を振動させながら相手を突く行動を交互に繰り返す。この行動は数秒間から、長い時には20分間も続く。相撲好きな指導教員は四つ相撲に似ているため、この行動を「がっぷり四つ」と名付けてはどうかとコメントしてくれた。この体勢で、さらに相手の体を2本の後ろ脚で何度かギュッと締めつける行動を繰り返す。そのたびに、バキッ、バシッ！という音が聞こえてくる。バケツから聞こえてきたあの音だ。そして何度かの締めつけのあと、突然、片方が逃げ去っていく。勝敗が決まったのだ。

ICレコーダーなどなかった当時、カメムシの行動はカセットテープに録音して、記録した。闘争を観察している時は見ているほうも興奮しているので、いざ録音したテープを文字に起こす際はとても恥ずかしくなる。

「おおー、○時○分○秒、Aの後ろ脚蹴りに怯《ひる》んだBが3㎝退却！　今、体勢を持ち直して反撃だ。○分○秒、がっぷり四つ、決まったっ！　さて何秒続くか。両者、相手の体を締め上げている、締め上げている！　2回、3回、諦めません。ついに、B、負けたあ！　ひれ伏して服従姿勢だ。負けたことをアピール。Aが続けてマウント、決まったあ。負けたBに容赦のな

図3　オスの闘争行動の進み方　※①～⑤はエスカレートする順

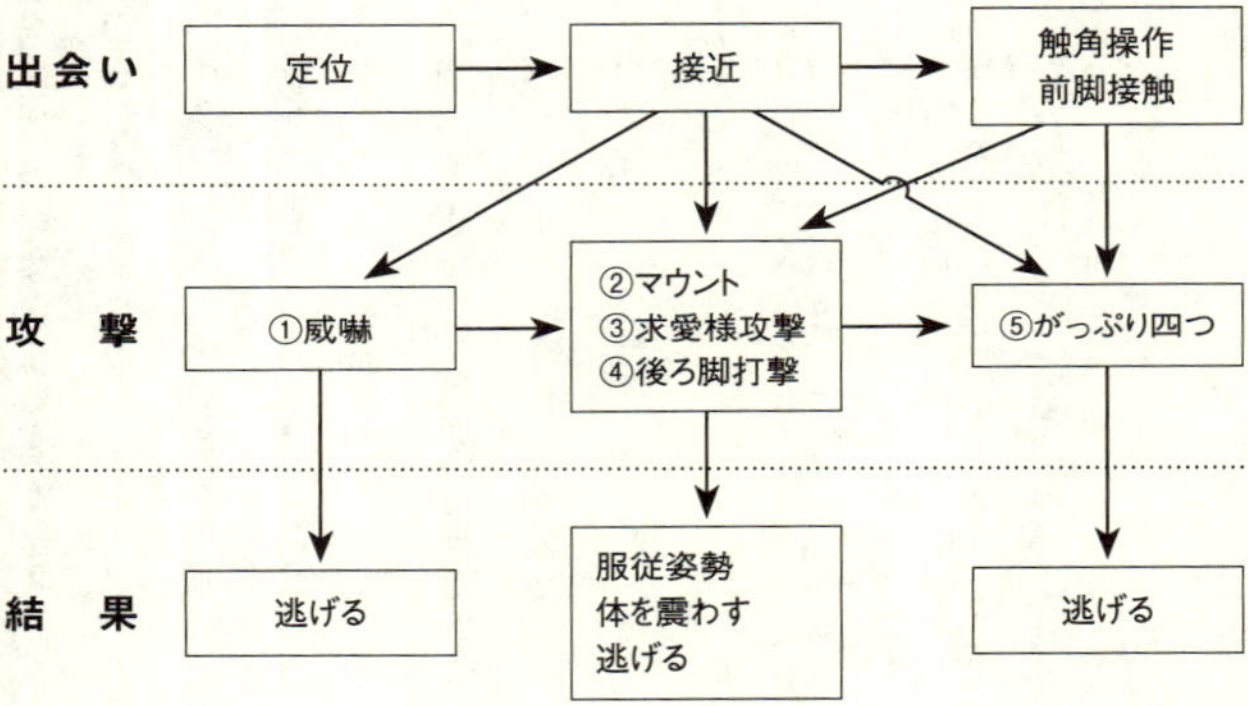

いＡのマウント。止めに入るレフェリーはいない。○時○分○秒。まさに死闘だ！」……プロレス中継か。

１時間観察すると、テープ起こしには２～３時間を要したので、これが日課の夜なべ作業となっていた。

こういったオス同士の闘争行動は、対戦者同士の実力が伯仲するほど、攻撃の激しさが増し、エスカレートするようだった。テープから起こした対戦データを詳しく解析すると、観察できた１００を超える対戦のうち、19例で「威嚇」、19例で「マウント」、20例で「求愛様攻撃」、31例で「後ろ脚打撃」、そして18例で「がっぷり四つ」へと攻撃は進んだ【図3】。

ではここで「実力が伯仲する」のは、どんな場合だろうか。

オス同士の喧嘩を記録したあとに、僕は観察したオスの体サイズをノギスで計測した。そして、どのようなペアでどんな技が繰り出されたのかを解析したところ、両者の体サイズの差が小さいほど「がっぷり四つ」に至る頻度が高かったのである。一方、両者の体サイズの差が大きい時には、求愛様攻撃や後ろ脚打撃であっさりと勝負はついた。

そして、とても面白かったのは、オスが片方の後ろ脚を上げて威嚇するだけで決着がついたケースでは、対戦者同士の体サイズの違いはあまり勝敗に関係しなかったことだ。「はったり」という技が虫にもあるのではないか、とこの時、僕は確信した。これらの結果をまとめて僕は卒業論文として提出した。

季節で変わるハレムのサイズ

卒業論文をまとめているあいだに、僕が暮らしていた那覇市内のアパートの壁に、見たこともないヘリカメムシが群れてへばりついているのを目撃した【次ページの写真8】。１９８４年の冬だった。

図鑑を開いても、こんなカメムシは載っていない。そこで、研究室で昆虫に詳しい教授にカ

写真8　筆者のアパートの壁にいた、謎のヘリカメムシ

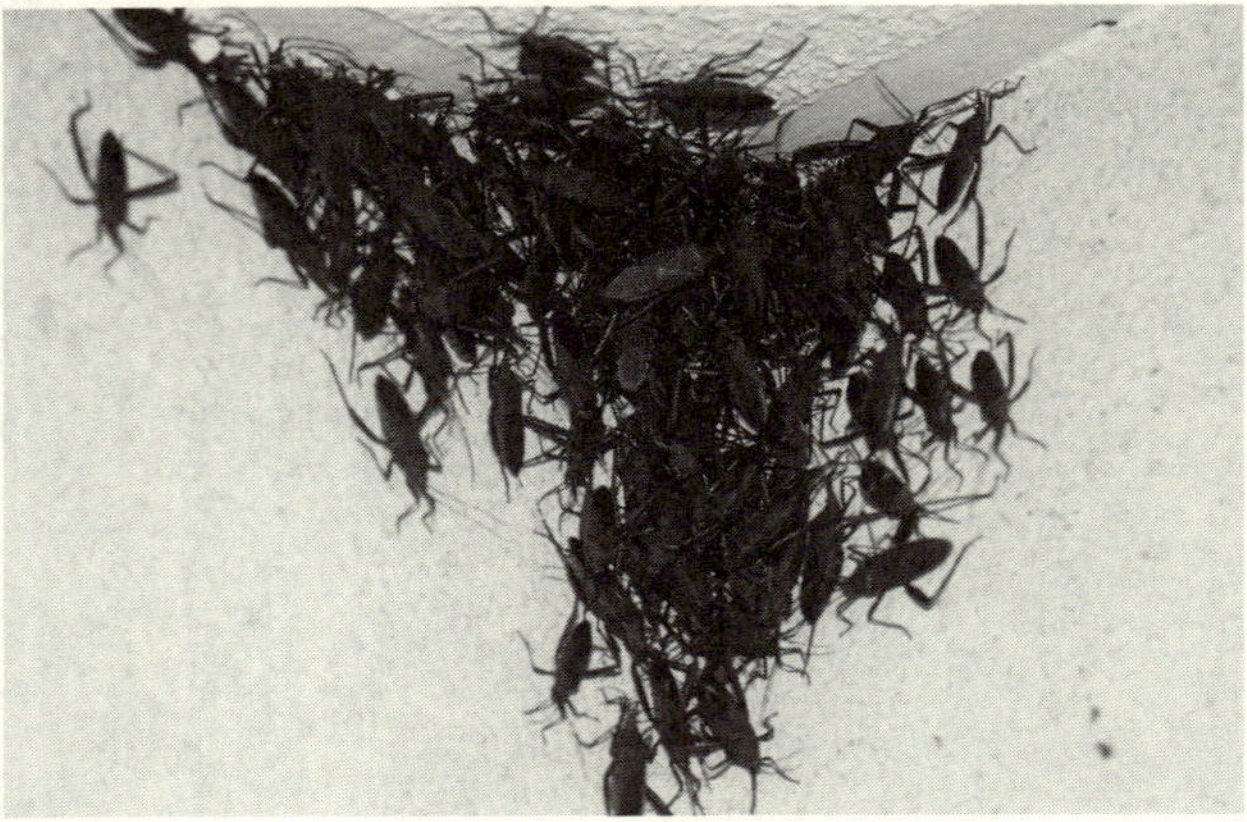

メムシの分類に詳しい先生を紹介していただき、サンプルを送ったところ、このカメムシは日本には生息していないヒゲナガヘリカメムシという種類で、台湾から沖縄にやってきたのではないか、という。台湾でこのカメムシは、タケノコの害虫だった。そこで沖縄の竹林に出向くと、このカメムシの成虫がたくさん集団をつくっているのを見つけた。

さて、先述したアシビロヘリカメムシでは、複数の個体がゴーヤーの上で互いに体をくっつけた集団をつくるのは見られなかった。ところが、このヒゲナガヘリカメムシは、タケノコの上で互いの体が触れ合わんばかりの集団をつくっていた。

よく見ると集団には大きなオスが1匹いて、

あとはメスばかりである【写真9】。卒業論文で扱ったアシビロヘリカメムシではメスが集団をつくらなかったため疑問に思わなかったが、ヒゲナガヘリカメムシは、交尾のために集まったメスを1匹のオスが防衛するハレムをつくるのではないか、と新たな興味を持った。当時、世界の動物行動学の教科書には、交尾の時にメスが群れをつくる動物の場合、メスを守るオスには、メスが集まる資源（メスにとって卵を生産するための栄養となるエサ）を守る「資源防衛型の交尾集団」と、直接メスを守る「ハレム防衛型の交尾集団」の2タイプがあると書かれていた。

写真9　脚にトゲのあるオス1匹（上の中央）と3匹のメスがいる集団

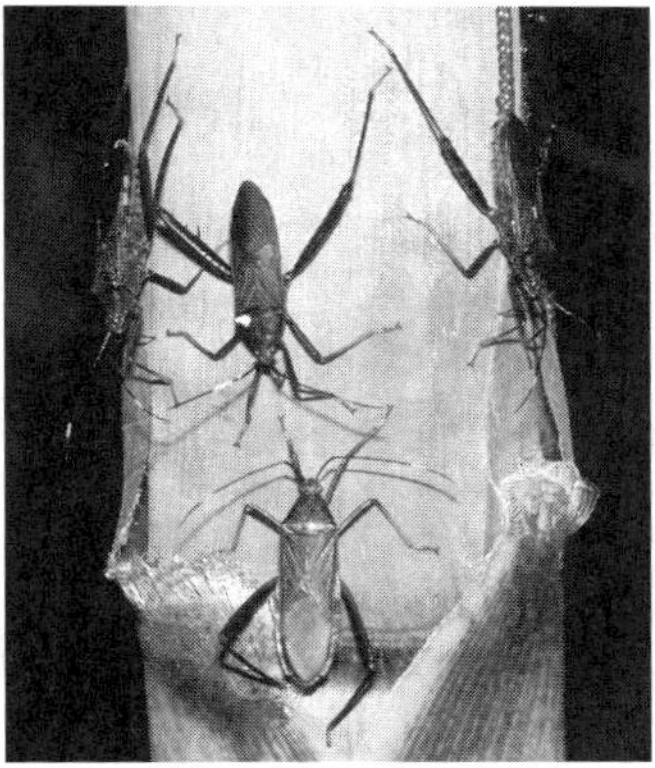

無事、琉球大学農学部を卒業した僕は修士課程に進み、新しく沖縄にやってきたこのカメムシの観察を始めた。沖縄本島は宜野湾《ぎのわん》の普天間《ふてんま》飛行場近くにあるマダケの竹林では、ヒゲナガヘリカメムシのオスが、あちこちのタケノコに縄張りをつくっていた。1986年の9月には毎日、この竹林に通って観察を続けた。

タケノコにはたくさんのメスが汁を吸うために訪れていた。そのメス集団のなかで、触角を

写真10　侵入オス(上)を後ろ脚で挟もうとするオス(下)

ピンと伸ばして緊張した面持ちの（ように見える）大きなオスが1匹、周囲に気を配っている（例えば前ページ写真9の上の中央）。他のオスがその集団に近づいてくると、ササッと忍び寄って、後ろ脚で叩いて追い払う。侵入オスがそれでも逃げない時には、大きな両方の後ろ脚を左右に大きく広げて、相手の体を挟みにかかろうとする【写真10】。闘争行動は、卒論で調べたアシビロヘリカメムシと基本的に同じだったが、ヒゲナガヘリカメムシは気が荒いのか、野外でも何度か闘いを観察することができた。

カメムシの背中にペイントマーカーで印をつけて、個体を見分けられるようにしたところ、新しくやってきたメスは2~3日その集団にとどまり、その集団の主《ぬし》のオスと何度か交尾をすることがわかった。集団を渡り歩くのは、オスではなくメスだった。大きなオスは長い時には11日間ものあいだ、同じタケノコのハレムを守り続けていた。やはり、この虫のオスはハレム防衛型だったのだ。

農業改良普及所に就職する

修士論文をまとめて提出したのち、僕は沖縄県庁の中部農業改良普及所という行政職の職場に技術職員として就職した。農家に国や県が開発した作物の栽培方法を普及させたり、作物を害する病害虫防除の指導のほか農業経営や後継者育成の相談にも乗ったりという万屋《よろずや》的な仕事であり、沖縄県の農業を支えるやりがいのある職場であった。しかし、昆虫研究者になりたかった僕は、この職場に就職したのちも、土日を使って3年（1989年から91年）のあいだ、ヒゲナガヘリカメムシの集団を観察し続けた。この時は、嘉手納《かでな》弾薬庫地区のフェンスのすぐ近くに、ビワ栽培の防風林として植林された竹林で観察を続けることができた。

春先、竹林に生えてくるタケノコには、たくさんのメスが汁を吸うために集まってくる。この時季のタケノコには、オス、メス1匹ずつのペアが多く観察された。成長するにつれてタケノコは大きく、太くなる。太くなったタケノコには、より多くのメスが集まってくる。最もタケノコが太くなるのは夏季であり、9月頃にはタケノコは硬くなってカメムシが汁を吸うことができなくなる。そして9月後半から10月にかけては竹の節から若い柔らかなシュート（竹の節から横に伸びる若い側枝）が新たにたくさん出てくる。このシュートに再びカメムシは集まって汁を吸うのだ。

ほぼ毎年、タケノコが出てくる5月に始まり、シュートが突き出る10月までのあいだ、土日に観察を続けた。時には当時生まれたばかりの僕の子供を、ベビーカーで同伴させて観察したこともあった。

そしてわかったことは、春、タケノコが小さい時には、1匹のオスが1～2匹のメスを守っているが、タケノコが太くなる夏になるとメスがたくさん集まってきて、5匹以上のメスが集団に入ってくるとハレムは崩壊するという現象だ。あるいは崩壊という言葉は適当ではないかもしれない。5匹以上のメスが集まった集団には必ずといっていいほど別の小さなオスが忍び込んでいるため、もはや完全なハレムとは呼べなくなってしまうのである。彼らは「スニーカー」と呼ばれる、「盗み交尾をするオス」たちであった。

このような集団の構成は、決まってハレムオーナーの大きなオスが1匹、メスが6～7匹となる。そこに小さなオスが1匹、あるいは2～3匹、雌伏していた。僕はこのような集団を「複オス集団」と名付けて、すべての集団に占めるその割合を、季節ごとに書き留めていった。

その結果、タケノコの成長が著しい5月と6月の集団のほとんどはハレム（1匹のオスが防衛する）であったが、7月から9月にかけてハレムの多くはみごとにスニーカーに侵入され、複オス集団の占める割合が5割ほどまで増え、10月には再びすべての集団は1匹のオスが防衛するハレムとなった。
その理由を統計的に解析したところ、タケノコが太くなる夏季には、1匹のオスが集団内のメスのすべてをパトロールできなくなるために、ハレムが成り立たなくなるという事実が明らかとなった。太くなったタケノコにはメスがとてもたくさん集まるため（7匹のメスがひとつの集団に群れていたこともある）、ハレムオーナーのオスがパトロールできる限界を超えて、小型のスニーカーが何匹も紛れ込むことができるのだろう。

イラスト③

ウリミバエ根絶大作戦

1990年に僕は沖縄県の農業試験場に異動し、研究職に就いた。そこで課題となった研究テーマが、ウリミバエ（以降、ミバエと書く）という、幼虫が野菜や果実を食べてしまう大害虫の根絶作戦だった【イラスト③】。ここで僕に与えられた研究テーマがハエの交尾を観察することだった。沖縄県から研究職員としての給料をもらい、国の税金から研究費をいただいて、国策の仕事としてハエの交尾を観察していたのである。

「どういうことか？」と読者の皆さんは当然疑問に思われるだろう。ハエの交尾を観察することで給料をもらえるなんて、僕だって実際にその立場になってみるまでは、夢にも思わなかった。

ここで少し詳しくミバエの根絶について説明させていただこう。実は、この仕事は外来生物の駆除と根絶に深くかかわる国家プロジェクトだった。

ことは約100年前の1919年までさかのぼる。この年に八重山列島に属する石垣島と西《いり》表島《おもてじま》で昆虫の調査が行われた。その調査で、ミバエというウリ類やナス類を加害する害虫の生息が確認された。この虫は原産国である東南アジアから八重山地域に侵入したと考えられている。そして1929年には八重山の北東に位置する宮古島にも、ミバエが侵入したのだ。

それから第二次世界大戦を経て、1945年から沖縄はアメリカ合衆国の統治下にあった。1972年に沖縄が日本に返還されるにあたり、ミバエの生息する沖縄は、ふたつの問題を抱えることになってしまう。

ひとつは沖縄の農家がいくらゴーヤーやメロンなどのウリ類や、トマトやシシトウガラシなどのナス類、サヤインゲンやパパイヤやマンゴーを栽培しても、それらは東京や大阪や福岡の市場に出荷できない。本土にミバエを侵入させないためだ。これでは、日本の国内において沖縄の野菜を自由に流通させることができないという不平等が生じてしまう。沖縄の悲願であった本土復帰に、農家が素直に喜べない事情があるわけだ。

もうひとつ日本が抱える重要な問題は、沖縄に南方系のミバエが蔓延《まんえん》すれば、日本がミバエの発生国と位置付けられる、ということだった。そうなるとミバエのはびこる世界の暖かい国々（発生国）から、寄主である果物や野菜が自由に入ってきてしまう。その一方で、日本からの寄主植物の輸出が規制されることも想定される。ミバエの侵入を放置できない理由には、日本の農業を病害虫から守るという目的の他に、このような複雑な事情があったのだ。

そのため沖縄の本土復帰（１９７２年）の少し前よりミバエ根絶作戦の戦略が練られ、復帰が決まると農林省（現・農林水産省）は、総額で２００億円を超えた巨額の公的資金を沖縄などの南西諸島に投じた。米国で開発されて実績のあった「不妊虫放飼法」という害虫根絶法を、沖縄のミバエに試してみることにしたのだ。

レックという「愛の宿」

この事業そのものの歴史については、別の機会に詳細を書くことになると思うので、ここではなぜミバエの交尾の観察が根絶事業のために重要なのかを説明しよう。

南西諸島において国家レベルで展開されていた根絶方法は少し変わっていた。害虫であるミバエを大量に増殖して不妊化する。その不妊化されたオスをヘリコプターからばら撒《ま》くのである。ミバエの根絶事業では、毎週1億匹を超えるミバエを空からヘリコプターで撒いた。不妊オスと交尾した野生のメスは果実に卵を生むが、その卵は孵化《ふか》しない。不妊化されたオスの精子が異常なため、受精しないのだ。毎週、1億匹という莫大《ばくだい》な数のオスを撒き続ければ、次第に次世代に残る子の数は減る。数年間続ければ、ついに野生のメスが出会うべきオスは皆無となり、いずれミバエは根絶される。

壮大なこのプロジェクトで最も大切なポイントのひとつが、不妊化された大量増殖オスと野生メスを交尾させることである。不妊オスが野生メスと交尾しないことには、不妊化法は成り立たない。また野生メスが乱婚であってもこの根絶法の成功は難しくなる。せっかく不妊オスと交尾しても、その後、生殖能力のある野生オスと出会ってしまうこともあるからだ。幸い、ミバエのメスは一度交尾すると1週間程度は他のオスと交尾しない。このようなこともミバエの交尾を研究してみないとわからなかった。つまりミバエの交尾行動の解析は、根絶にかかわる重要な研究テーマなのだ。

長くなったが、これが、僕が給料をもらってハエの交尾を観察することになるまでの経緯である。

写真11　葉ごとに1匹ずつとまってメスを待つミバエのオス

ミバエは、効率的な生産のために仕方なく増殖工場で大量に繁殖させていた。僕たちは、そんな超高密度飼育の状況では、どのようなオスが交尾に有利なのかを調べた。不妊化に使うオスの質（メスとうまく交尾できるという点でのオスの品質）を高める必要があったからだ。

野外でミバエのオスは、レックと呼ばれる配偶集団（オスが集まってメスを惹《ひ》き付ける配偶システム）を形成する。レックでは最初にオスが集まって集団をつくる。この集団にメスが交尾のため訪れる。

夕方になると、決まった樹《き》の葉っぱにオスが1匹ずつ陣取って、いすわる【前ページの写真11】。この時、その樹はそれぞれの葉っぱにオスが1匹ずつ陣取ったクリスマスツリーのような状態になっている。これがミバエのレックである。

その後、いったんオスたちがみんな飛び立って（なぜいったん飛び立つのかは謎である）、再び葉っぱに陣取ると、彼らはお尻から液滴を出して、それを器用に脚で背中の翅《はね》に塗り付ける。翅を振動させると、その液滴は煙のような物質となって、前後と背中方向に向けて噴出される。縄張りに他のオスが侵入しようものなら、先住のオスは侵入者に向かって翅を振動させ、この煙を相手に吹きかけるのだ。侵入オスもお返しに煙を吹きかける。この煙は一種のフェロモンのようなものである。

すべてのオスがこれを行うと、遠目には樹のあちこちから煙が立ちのぼっているようにメスには見えるはずである。実際に、ミバエを大量に飼っている増殖工場の部屋は夕刻になると、数メートル先が見えなくなるほどこの煙が充満していた。

オスを厳選する野外のメス

エサを求めて飛び回るメスにとって、この樹は相手となるオスを見つけるランドマークになる。煙のように立ちのぼるフェロモンの匂いで、オスの存在を嗅ぎ付けることができるのだ。

レックに惹き付けられたメスは、オスが陣取る葉っぱを次々と訪れる。オスはメスに対してもフェロモンを吹きかけ、さらに求愛ソングを歌う。歌うといっても声を出すのではない。翅と体をこすりあわせて、振動音をメスに向けて発するのだ。

この求愛ソングを、昆虫を主とする生物音響学の先生と一緒にアンプで増幅させて聴いたことがあるが、最初はブッ、ブッ、ブッという不連続な音から始まり、だんだんとその間隔が短くなり、ついにはブブブーッという感極まったような連続音になる。その瞬間にオスはメスの背中に飛び乗って、ついに交尾は成立する。このようなフェロモンと求愛ソングをがんばって誇示した結果として、気に入られたオスはメスと交尾できる。ちなみにどの葉がポジションとしていちばんいいのかはいまだにわかっておらず、世界の研究者が今も調べ続けている。

一方、どんなオスが好まれるのかについては、実験室内の場合では、早く成長したオスほどメスに好まれるという実験結果がある（第6章で解説）。ミバエの「モテ」の法則にはまだまだ謎が多いのだ。

では、はたしてメスはどれくらい選り好みをするのだろうか？　この疑問については、琉球大学昆虫学研究室の僕の1年上の先輩が野外で観察した。それによるとメスに受け入れられたオスの確率は、61分の1という非常な低さであった。これは「配偶者選択」と呼ばれる現象だ。

さて、空間の広い野外ではこのようなレックシステムによって、メスはオスを厳しく選んでいるわけだが、飼育下にあるメスはオスを選ぶのだろうか？ そこが僕の宿題だった。

野外では十分な空間があり、そこにオスがレックを形成して、メスがレックを訪れるというある種の儀式に従って求愛から交尾の過程が成立する。しかし、超高密度で大量増殖用の木箱で、何世代ものあいだ飼育され続けたミバエにはレックを形成する樹もなければ空間もない。このような環境条件では、メスがよいオスを選ぶという儀式は成り立たないはずだ。そこで僕は、飼育する密度を変えて、どのようなオスがメスに受け入れられるのかを調べてみた。

がんばらないオスの出現

まず僕は、根絶事業で飼育しているミバエのオス1匹あたりに与えられた空間密度を計算してみた。その結果、5万匹のミバエが使用する大型飼育ケージ（幅90×高さ120×奥行45cmの木箱）では体長5mmのミバエ1個体に与えられた空間は9・72cm³しかない。まさにぎゅうぎゅう詰めだ。

この実験では、どんなオスがどんなメスと交尾したのかを観察すること、つまり個体識別が

写真12　個体を識別するため、アルファベットをつける

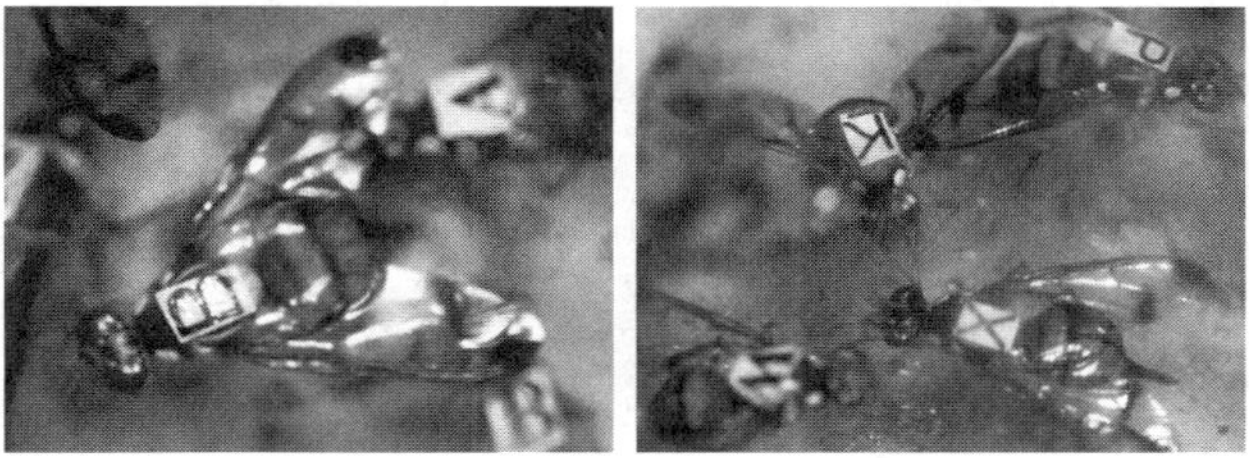

必須であった。しかし、5万匹も入っているミバエの個体を一匹一匹、識別することはとうてい不可能である。そこで、個体を識別できる透明なプラスチック製のシャーレで大量増殖の飼育密度を再現してみることにした。

直径9×高さ1・5㎝のシャーレに10匹のミバエを入れると、個体あたりに許された空間は9・5㎤（高密度区）だ。ミバエ1匹にとってのスペースは実際の大量増殖の木箱に近いと見立てた（どのように個体を識別するのかは後述する）。

一方、ミバエにもっと広い空間を与えるため、幅30×高さ30×奥行45㎝の直方体の飼育ケージに10匹のミバエを入れた。この場合、1匹あたりに与えられた空間は4050㎤（低密度区）だった。

1匹に与えられた空間の大きさによって配偶システムがどのように変わるかを調べるため、シャーレを大量増殖での超高密度飼育状況に、飼育ケージのほうを野外に近い空間に仮定したのである。そのうえでそれぞれにオスとメスを5匹ずつ放し、異なる密度のもとでは交尾できるオスの数が変わるのか、顔ぶれが変わるのかを観察した。

5匹のうちどのオスがどのメスと交尾したかを知るために、小さなミバエの背中にアルファベットを書いた小さな紙を背負わせて個体が識別できるようにした【前ページの写真12】。この紙はマニキュアを使うと、うまくハエの背中に貼り付けることができる。そうして、7日のあいだにどれだけのオスが交尾できたかを追跡した。

ミバエの交尾は一日に一度だけ夕方に生じる。そして、いったん交尾すると、そのペアは朝まで離れない。朝まで離れないのには生物学的な理由がある。ミバエにとって厄介な天敵のひとつが夜行性のヤモリなのだが、夕刻に交尾したペアは、夜中に動き回ると彼らの格好の標的となるのだ。だから、精子を受け渡すには20分もあれば十分であるにもかかわらず、朝までは交尾器を接合させたまま離れない。敵に見つからないよう、動かないというわけだ。

観察は7日間にわたり午後1時から日没まで5分おきに、どのオスがどのメスと交尾しているのかをチェックした。念のためそれを5回、繰り返す。するとこの交尾実験の結果、低密度な飼育ケージでは、毎日メスと交尾に成功する特定のオスが数匹いて、メスとの交尾を独占していた。

ところが残りの多くのオスは7日間、どのメスとも交尾できなかった。7日間で5匹の異なるメスと交尾できた魅力的なオスもいたというのに。

先述したように、メスは一度交尾するとその日から1週間近く再交尾しないため、特定のオスが交尾を寡占するという現象が生じる。つまり、空間が広い時には交尾は特定のオスに集中したのである。実験が終了したあと、オスの体サイズを調べたが、交尾に成功したオスが特に大きかったわけではないため、メスがオスのどこを魅力的だと判断しているのかは、この実験の結果ではわからなかった（その謎の解明については、第6章まで待っていただきたい）。

ところが、空間密度の高いシャーレの実験では、ほぼすべてのオスがメスとの交尾に成功した。これは、狭い空間では配偶者選択が生じないことを示している。実験したシャーレよりも狭い空間で大量増殖させると、配偶者による選別は機能せず、「がんばらないオス」でも子供を残せるという状況になっているはずである。

その後の研究ではもっと恐ろしいことがわかった。

大量増殖されたオスのなかには、メスに気に入られようとはしないものがいた。それどころかなんと求愛もせずに、メスに乗っかって無理やり交尾してしまうレイプ型の交尾行動が進化してしまうことも明らかになったのだ。

つまり、野外ではもしかしたら子孫を残せないような遺伝子を持ったオスでも、大量増殖のもとでは子孫を残せることになる。そんなオスを不妊オスとして野外に放しても、彼らは交尾をめぐる野生オスとの競争に弱いのではないか。つまりモテないオスを育ててしまっている可能性が見えてきた。そのため大量に虫を飼い続ける際には、オスの交尾競争力を世代を超えてどのように維持するのか、つまり虫の品質管理という観点が、ミバエの大量増殖過程では大事になることが確認されたのである。

ではどんな品質のミバエのオスをつくればいいのだろうか？　それについては第6章で詳しくお話しするとして、本章ではがんばるオス（オス間競争）の研究について、甲虫の事例でさらに紹介しよう。

大顎で闘う小さな甲虫

2000年、岡山大学に転職した僕は、交尾やオス同士の闘争行動について野外でも調査することのできる昆虫を探し歩いていた。ヘリカメムシの闘争行動は観察していてとても面白かったが、累代飼育が難しいので、世代を経て生じる進化的な現象を追うことが叶《かな》わなかった。

そんな時、岡山大学の研究室の卒業生から、大学の演習林にヨツボシケシキスイという甲虫がたくさんいるという話を聞いた【イラスト④】。この演習林は大学から歩いて10分ほどの距離にあり、近くて大変便利である。

　ヨツボシケシキスイは害虫ではない。前にいた沖縄県の農業試験場では、害虫以外の虫を研究することは不可能であった。しかし害虫防除の応用技術は、先に述べたミバエの事例でも明らかなように、基礎的な研究を発展させ応用に使えることが多々ある。むしろ実験に用いやすい昆虫を使って基礎的な生態や行動を大学で研究し、そこでわかったことを応用に活《い》かすというパターンは多いのである。

　僕はヨツボシケシキスイの生態を調べてみることにした。さっそく、裏山ともいえる演習林に学部生を伴って毎週のように通い、この虫の発生時期や生活を調べてみた。岡山県内と近隣の県にも出向いてこの虫の生活範囲を調べ、この甲虫がアラカシなど、樹液がにじみ出てくるシイの樹の幹にできた穴で一生を過ごしていることがわかった。

　ヨツボシケシキスイを卒論のテーマとして選んだ学部生は、奇妙な事実を発見した。体長約14㎜のこの虫は、バナナで飼うこと

イラスト④

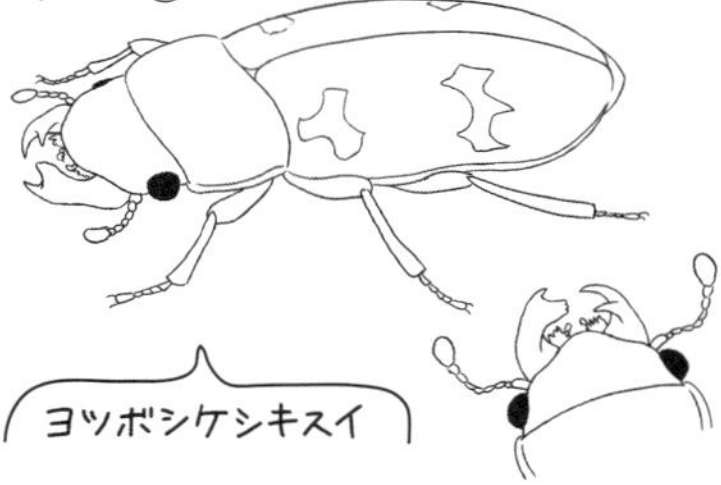

ができるというのである。どうも樹液とバナナの成分が似ているようだ。バナナでの飼育が可能となれば、輪切りにしたバナナを縄張りとして用い、直径5㎝ほどのカップ内でオス間闘争を再現できる。

この甲虫のオスは左右非対称な大顎を持ち、それを使ってオス同士、クワガタのように相手の体を挟みあって闘争する。闘争の勝負はもちろん体サイズによって決まり、大型オスが闘いに勝つ。負けたオスは、バナナの縄張りから逃げ出すのである。

さらにこの虫のオスには、大顎が大きく発達した好戦的な大型のオスと、大顎が小さくあまり闘わない小型のオスのふたつのタイプが混在することもわかった。容器に土を入れて、その上にバナナとメスを入れておくと、大型オス同士はすぐに交戦した。そこに小型のオスを入れると、闘っている大型オスの隙を見て、メスとササッと交尾をしてしまう。スニーカーである。

学部生は大型オスと小型オスを解剖した。すると小型オスは体サイズに比べて大きな精巣を持っていることが確認できた。幼虫として育った時に与えられた資源（エサ）を、大型オスは闘うための大顎に投資し、小型オスは精巣に投資していたのだった。

生き方は身の丈次第

僕が大学に転職した2000年当時の動物行動学では、オス同士がメスの獲得をめぐって闘う場合、多くのケースで大型オスはファイターと呼ばれる好戦的なタイプとなり、小型オスは闘わない戦略を進化させることが知られていた。闘わない戦略の主なものに、精巣を発達させるスニーカーや、より遠くに分散して大型オスが占領していないメスの生息地を探索する「分散型」が発見されていた。

オスのそうした傾向はヨツボシケシキスイでも同じではないかという仮説を立て、僕は院生や学部生と一緒に調べることにした。この虫は体サイズの大小によって、どれほど分散能力が異なるのかを野外で実証しようと考えたのだ。

この虫はバナナの匂いに強く誘引されるため、ペットボトルにバナナの輪切りを入れたバナナトラップを50個ほどつくり、まずヨツボシケシキスイをたくさん集めてきた。

捕まえてきた甲虫の背中には、ペイントマーカーで5つの異なる色の点を付ける。そしてマークなしは0《ゼロ》、白は1、水色は2、黄緑は3、ピンクは4、赤は5を表すとする。すると、背中の4カ所に6パターンの標識を背負わせるだけで1296個体（6×6×6×6）の甲虫を識別できることになる。マーカーで標識を付けた個体は、院生が実体顕微鏡でいろいろな体の部分の長さを測定した。胸部の長さ、腹部の長さ、顎の長さ、頭部の幅、3カ所の右翅の長さなど、計測部位は7カ所に及んだ。

2005年の初夏にかけて、これらのすべてについて計測できた515個体のオスと、674個体のメスを、裏山のてっぺん（放飼地点）から野に放した。そして、バナナを誘引源とした45個のペットボトルトラップを、裏山の四方のシイの樹の枝に仕掛けた。放飼地点からそれぞれのペットボトルまでの距離は、巻尺を使って事前に測っておいた。虫を野に放って2カ月間、毎週、院生と学部生は放たれたヨツボシケシキスイがどこのペットボトルに再捕獲されるかを調べたのである。

トラップに再捕獲された虫の体サイズと、虫を放した場所からトラップまでの距離を解析したところ、信じられない結果が目の前に現れた。結論からいうと「大型は放飼地点の近くでのみ再捕獲され、小型オスは遠くのトラップで捕まる」との仮説がみごとに外れてしまったのだ。

まず大型は予測どおり、放した場所の近くのトラップで再捕獲された。ところが小型も近くのトラップで再捕獲されていた。そして放飼地点からはるか遠いトラップでもたくさんのオスが再捕獲された。これらのオスの体長は大型と小型のあいだ、つまり中型個体だった。

中型オスだけが遠くに分散していたのだった。そして中型オスは体の割に、顎でも精巣でもなく、翅が大きかったのである。これは世界的に見ても新しい発見だった。それまで、生物の闘争様式は闘う大型オスとスニーキング（盗み交尾）する小型オスの2タイプに分極する事例が多数報告されていた一方で、分散するという別の戦術を持つ中型オスがいる生物の発見は初めてだった。

サイズは関係ない

この結果を受けて、僕はすべてのデータを再解析するように院生へ指示を出した。そして出てきたのが、「オスは自分の体サイズに応じて、メスを獲得する戦術を厳密に選んで子孫を残そうとしている」という答えだ。子孫を残すうえで体サイズは関係ないという結論だともいえる。

どういうことかというと、

- 体サイズの割に大顎が立派に発達した大型オスは、メスの生息する樹液場所でひたすらメスをめぐって闘っている。
- 精巣に投資した小型オスは闘う大型オスの近くにひたすら雌伏して、大型同士の闘いの隙にメスと交尾をすませて大量の精子をメスに送り込むスニーカーであった。
- そして、体サイズの割に大きな翅を持った中型オスは、まだ大型オスが占領していないメスの集まる樹液場所を探して飛び回る探索タイプだったのだ。

これらの結果を僕たちは論文にまとめ、２００８年に国際昆虫生態学の雑誌"Ecological Entomology"に公表した。

この実験では、メスをめぐるオス同士の競争には、闘争だけではなく、メスの生息する場所をいかに先に見つけられるのかという探索能力の競争など、実に様々な競争の方向性があることがわかった。では、メスとの交尾をめぐってかくもがんばるオスが、がんばりすぎるとどのような弊害が生じるのか？というお話を、次の章では解説しよう。

第3章　オスががんばるとメスはどうなってしまうのか？

ついにクワガタの遺伝子判明?

２０１６年12月13日の「朝日新聞ＤＩＧＩＴＡＬ」に「クワガタの大あご、大きさの謎解明 遺伝子の働きが関与」という見出しの記事が掲載された。記事には小型・中型・大型のオスのノコギリクワガタの写真が付いている。子供から大人まで、多くの日本人をわくわくさせる夏の虫、クワガタの顎の遺伝子がついにわかったのか、と大変興味をそそる記事である。

情報の発信源は東京大学の研究者で、東大によるプレスリリースでは「カブトムシなどの昆虫の武器の大きさが環境に応じて変化するしくみ」と書いてある。カブトムシやクワガタなどの昆虫がオス同士の闘争に使う武器は、幼虫の時に栄養をどれだけ蓄えられるかによって変わる。ある一定の栄養を得ることができて体サイズが大きくなると見込めた幼虫は、武器や体の形の形成にかかわるヒストン脱アセチル化酵素により遺伝子の作用が変わるのだという。

最近の遺伝子操作の技術では、ガラスキャピラリーと呼ばれる先の鋭いガラス製の注射器を使って遺伝子の働きを止めることができる（この技術はＲＮＡ干渉と呼ばれる）。東大の研究者らは、「ヒストン脱アセチル化酵素３」というＲＮＡに干渉すると大顎がたくましく発達し、「ヒストン脱アセチル化酵素１」というＲＮＡに干渉すると大顎の発達が抑制されることを発見した。そして大顎を発達させた甲虫では翅《はね》のサイズが小さくなり、大顎の発達を抑制した甲虫では翅のサイズが大きくなることも発見した。

つまり大型のオスになるのか、小型のオスになるのかは、幼虫の時にどの遺伝子のスイッチが入るかによって決まるというわけだ。大型はファイターであり、小型はスニーカーであることは、カメムシの話で書いたのと同じである。つまり、甲虫の場合、幼虫（子供）の時に摂取した栄養条件の良し悪《あ》しで、成虫（大人）になってからの生き方が決まることになる。親から子への遺伝で決まるのではなく、発育の過程におけるある遺伝子の発現の作用によってその個体の振る舞いが変わる現象は、専門用語で「表現型の可塑《かそ》性」と呼ばれる。これは、同じタンポポでも、夏には背が高くなるが、冬にはロゼット状になるのと同じで、生物における表現の融通性をつくる仕組みである。

たくましく発達したクワガタの大顎が、ついに遺伝子のレベルで解明されたのかと感銘を受けて、よくよく記事を読むと、解明に使われた虫はクワガタではなく、オオツノコクヌストモ

イラスト⑤

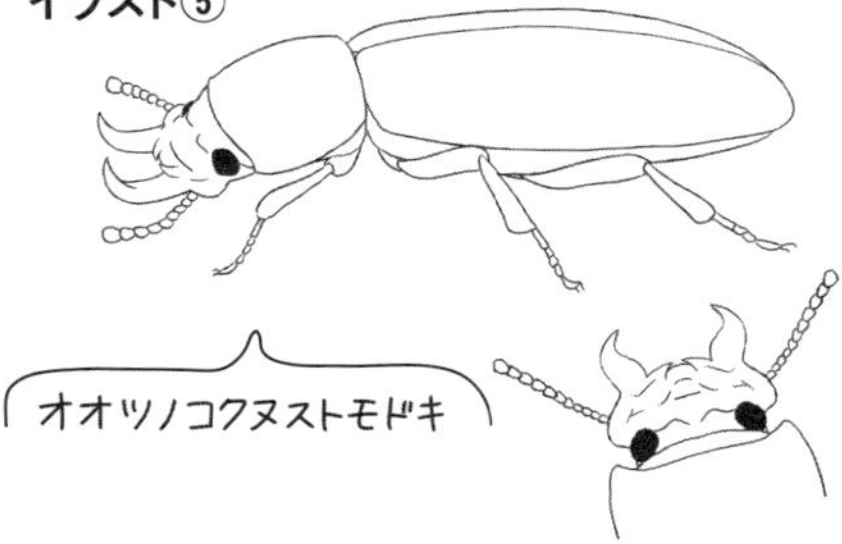

ドキという甲虫【前ページのイラスト⑤】だった。確かにクワガタもカブトムシもオオツノコクヌストモドキも、どれも同じ甲虫の仲間なので、大顎の形成にかかわる遺伝子の発見の価値は変わらない。人の目を引くクワガタの大顎と題したニュースになるのは、マスコミの視点から見れば当然である。

クワガタやカブトムシには難がある

では、なぜクワガタやカブトムシを使って、遺伝子を明らかにしなかったのだろうか？　どうしてオオツノコクヌストモドキなどという長ったらしい名前の付いた、馴染《なじ》みの薄いこの虫を使って解析したのだろう？　それには十分な理由があるのである。

カブトムシやクワガタを使ってこの解析を行うのは容易ではない（少なくとも普通の施設設備ではとても難しい）。角や大顎の遺伝子発現のメカニズムや機能の解析をするには、まず品質の揃《そろ》った多くの虫を準備しなければならないからだ。揃えるべき品質のひとつに、虫の日齢がある。つまり同じ日に蛹《さなぎ》になった虫、同じ日に幼虫になった虫を数十から数百のオーダーでたくさん準備しなければならない。

ところが体サイズの大きなカブトムシやクワガタを幼虫から成虫まで飼育するには、幼虫のエサとなる特別な菌糸を使って培養する必要があり、しかも卵から成虫に育つまでに1年、あるいは2年もの月日を待たなければならない。温度を一定にした大きな恒温室を揃える必要もある。体サイズが大きなクワガタやカブトムシでは、実験するにあたってこのように多くの難点があるのだ。これらのすべての点においてオオツノコクヌストモドキは、とても優れた実験対象なのである。

この虫は、第1章で述べたコクヌストモドキと同じように、まず小麦粉だけを使って幼虫も成虫も飼うことができる。卵から親に成長するまでに2カ月程度しか日数を要しない。小麦粉にメスを入れておけばたくさんの卵を生んでくれるため、一度に数十匹の幼虫を育てられる。

それぞれの幼虫は1匹ずつ、第1章で登場したたくさんの穴のあるセルプレートに入れ、蛹になる直前に1穴ごとに分けて飼育しなければならない。別の幼虫が近くにいると、この虫は相手の個体の成長を遅らせる成長阻害物質を発するからだ。そのため、複数の個体を一緒に小麦粉の中に入れておくと、どれも成虫になれなくなる。

2カ月くらいで卵から成虫になるわけだから、累代飼育も容易である。これもコクヌストモドキと同じで、世代を経ることで進化の経過も観察することができるうえに、モデル生物であるコクヌストモドキと近い仲間であるため、ＤＮＡ解析が比較的容易なことも大きなメリットだ。先に述べたRNA干渉などのテクニックを使用して遺伝子の操作をする実験も可能となった。

その証拠に、近年、オオツノコクヌストモドキを対象とした実験結果は日本だけではなく、米国、英国、オーストラリアなど世界各国で増え続けている。オス同士の闘いについての最初の僕たちの研究が2006年に公表されて（この詳細は後述する）以来、報告された論文の数が増えているのだ。それ以前は分類に関する文献が1990年代に4編書かれただけだったが、2006年から2011年までの5年間で闘争行動や生態についての論文が9編、2012年から2016年のあいだには、米国、英国、日本において30編近くもの論文が公表され、飛躍的に報告が増えた。まさに、闘う「武器昆虫」界のスターに躍り出た感がある。

オオツノとの出会い

初めて僕がオオツノコクヌストモドキに出会ったのは、2003年3月だった。第1章で書いたように沖縄県から岡山大学に転職した僕は、コクヌストモドキなど穀類を食べる昆虫を対象とすれば小さなスペースでも飼いやすく、世代を経てその進化の様を追跡できることに確信を得ていた。当時の僕が探していたのは新たな研究対象である。

室内でうまく飼えるという利点を持っている虫は、逆にいえば、どんどん増える性質を持っているがために人間にとっては害虫になるのだともいえる。

筑波研究学園都市には食品を総合的に研究する、その名も食品総合研究所（2016年4月より農研機構の食品研究部門となった）という機関がある。ここでは様々な貯蔵穀類の害虫を飼育していると知り、その年、研究所の方にアポイントを取って、まだ肌寒いつくば市の研究所を訪問させていただいた。

案内してくださった研究所の博士からはいろんな虫を見せてもらったが、なかでもとりわけ目を引いたのが本章の主役であるオオツノコクヌストモドキだった。まずオスには闘うための大顎が発達している。メスにはない。その他にメスにはなくオスにあるものとして、頭には2本の角が生えているし、両頬も外側に出っ張っている。これらもオス同士の闘いのために武器として発達し、進化してきた結果に違いない。さらに研究所の博士によると「この虫のオスには、顎の発達が異なるタイプのオスがいるように思える」というではないか。

前の章で書いたように、たくましく発達した後ろ脚を使ってオス同士で闘うヘリカメムシを卒業研究対象にした僕は、オス同士による闘いの研究の虜《とりこ》になっていた。だがゴーヤーやタケノコのシュートをエサとするヘリカメムシたちは累代飼育が不可能だった。沖縄県職員として研究をしたミバエは何世代も飼いつないで進化を目の当たりにすることも可能であったが、なんといっても武器（角や大顎、太い後ろ脚など）がなかった。

当時、僕の頭の中では、「世代を超えて飼いつなぐことができて、体のどこかにオスが闘うための武器を発達させており、その武器を使ってオス同士が激しく闘うハエはいないものか」という妄想がどんどんと膨らんでいた。いっそ新種の、武器を持つショウジョウバエ（世代期間が短く飼いつなぎやすいため遺伝の実験によく用いられる）でも人工合成してつくってやろうかなどという短絡的な発想が何度も頭をよぎった。しかし、そんな都合のいい虫などいるはずもなく、悶々《もんもん》とした思いを抱えながら歳月を見送るばかりだったのだ。

そんな時に、突如として目の前に現れたのが、このオオツノコクヌストモドキだった。この虫ならエサは小麦粉だけで世代を超えて飼える。しかも小さなスペースで飼えるため場所をとらない。武器があってオス同士が闘う。天の恵みとはこのことかと感じ入ってしまい、たちまちこの虫に夢中になった。

オオツノを闘わせる

さて、オオツノコクヌストモドキの研究をどのようにして展開させるべきか。

当時、研究室にはヨツボシケシキスイを研究していた院生がいた。ヨツボシケシキスイは近隣の野山にたくさん生息しているため、野外の生態を調べることができるという意味で、生態学の研究にはとてもいい対象だった。けれども、昆虫が武器を持つことでどのような利点と欠点が生じるか、を調べるには、何世代も飼育できる昆虫のほうが実験に適している。そこで、その院生に「オオツノコクヌストモドキに研究テーマを変えてみないか」と誘ってみた。最初は難色を示したが、武器昆虫としてのオオツノコクヌストモドキの将来性を説いたところ、研究テーマを変えることになった。

では、オオツノコクヌストモドキを使って院生が実施した研究を紹介しよう。

まず取り組んだのは「この甲虫のオスはどんな時に闘うのか」、そして「どんなオスが闘いに勝つのか」を調べることだった。

最初にわかったのは、このオスには闘いをさせるための凝った舞台設定がいらないということだった。これは実験対象としての大きなメリットである。カメムシを闘わせる場合は、1個丸ごとのゴーヤーの果実が必要であった。またメスが存在しないと、オスに闘うモチベーションが生じなかった。ところが体長約5㎜のオオツノコクヌストモドキときたら、小さなシャーレに小麦粉を薄く敷いておき、そこに2匹のオスを入れておくだけで、すぐに闘争が生じるのだ。

オス同士が出会うと、互いに発達した顎で相手の顎をロックして、相手を押したり噛《か》んだりする。それでも勝敗がつかない時には相手の大顎に噛み付き、揺さぶって相手を後退させようとしたり、大顎を相手の体の下に潜り込ませて、相手の体を持ち上げようと試みたりする。

35回の観察すべてでオスは大顎を使って闘争した。一連の闘争行動においては、片方のオスが退却の姿勢を見せた時点で勝敗がついたものと判定した。負けた個体はその場から逃げ、勝った個体は敗者を追跡する。

闘ったすべてのオオツノコクヌストモドキの顎のサイズを計測したところ、35回のうち25回の闘い（約71％）で大きな顎を持ったオスが勝者となった。また大顎や角、発達した頬と体の長さを顕微鏡で計測したところ、ある体サイズより大きくなると、大顎が急に発達していくこともわかった。

これらのデータは、さっそく米国の昆虫行動学の専門雑誌"Journal of Insect Behavior"に投稿して、２００６年に公表された。これが世界で初めて、オオツノコクヌストモドキの顎を使った闘いについて報告した論文となった。そしてこの研究こそが、先に述べたようにオオツノコクヌストモドキを世界に羽ばたかせるきっかけになったのだ。

期間限定で逃げるオス

オオツノコクヌストモドキは、コクヌストモドキのように小麦粉だけで容易に飼育できた。コクヌストモドキよりも若干、卵から親になるまでの期間が長く、1年につなげる世代数は6世代くらいであることと、温度と湿度の管理をうまく行わないと発育に障害が出やすいという短所はあったが、カブトムシやクワガタに比べれば断然飼いやすいし、闘いのために樹液を準備する必要もなく、明け方まで待つ必要もなかった。

院生を中心にして、ろ紙の上に逆さにかぶせたプラスチックシャーレの中でオスたちに闘いをさせ、勝敗がついたらシャーレを取り除くという実験もさせた。すると闘いに負けたオスは、闘いの場から1m以上もひたすら逃げ出すことがわかった。敗者は皆、闘いに負けたその日からきっちりと4日のあいだ、逃げ続けた。他のどんなオスと出会っても決して闘わず逃げるのだった。たとえ相手が自分より体格の小さなオスであっても、4日のあいだ逃げる。それが敗者の示す行動のパターンだった。

ところが測ったかのように、ちょうど5日目になると逃げるのをやめる。5日経《た》つと、どんなオスと出会っても再び闘うようになるのだった。では、その前の4日間はなぜひたすら逃げ続けるのか？　ここからは推測の域を出ないが、野外では4日間逃げ続ければ、自分が負けた縄張りから、敗者であるオスは完全に逃れることができるのだと考えられる。

平たくいえば、4日も走り続けた先なら自分を打ち負かした相手オスはもはや存在せず、新しい場所で再びメスたちが集う場所を独占するチャンスがあるということなのだろう。そのため、闘いに負けたオスは4日間、逃げ続けるのだ。

逃げるは恥だが子を残す

当時、僕は同じ大学に所属する数理生物学者の方たちである、佐々木徹准教授と梶原毅《つよし》教授と一緒にセミナーをしていた。

4日間だけ逃げるというこの現象に、理論を研究しているこの先生方はたいそう興味を持ってくれ、その謎の解明に挑戦してくれた。異なる分野の研究者とセミナーなどを行い、情報を共有することで、新しい研究が生まれることになったわけだ。物理学者たちは、4日間逃げるという行動が、例えば「1日間逃げる」、「2日間逃げる」などと比較して、結局、どれだけ逃げ続けるのが最も有利であるか、解析した。

物理学者の使う武器は、僕たち昆虫学者が使う虫ではなくコンピューターだ。

コンピューターの中に、201個体のオオツノコクヌストモドキのオスを仮想的に放り込んだ。この時コンピューター上に存在する個体には、負けた記憶があるか、もしあるのなら何日前に負けたのか、今までの闘争によるダメージの蓄積はどれほどのものかなどの情報がインプットされている。そして任意に抽出した2匹のオスを闘わせ、負けたオスは逃げ続けるという条件を日数分けして設定し、シミュレーションを行った。これは仮想空間で行うロールプレイングゲームみたいなものだ。

「個別ベースモデル」と数理の先生方が呼ぶこのシミュレーションの結果、集団内で一日にオス同士が出会う回数が60回から100回という条件では、負けたあとに1日でも2日でもなく、4日間逃げることが子孫を残すうえで最も有利であることが証明された。このユニークな研究結果はその発表からなぜか6年を経た2016年の12月に、岡山大学から「〝逃げるは恥〟ではない!? 戦闘で負けた後に4日間逃げ続ける昆虫について　動物の行動様式の進化を数理モデルで解析」と題したプレスリリースとして発信された。

では世界のどこかには、3日間逃げ続けるオスや、5日間逃げ続けるオスが有利となる条件の生息地もあるのだろうか? シミュレーションからは、オス同士の出会いの頻度が変わると、オスが逃げ続ける日数も変わると予想された。だが、僕たちが飼育しているオオツノコクヌストモドキは皆、かつて日本の宮崎で採集した個体から始まっている。彼らの他に日本の野外では生息していない（2015年になって新たに福岡で採集が記録されたが……）。そのため4日間という数字が、日本に侵入してきた少数のオオツノコクヌストモドキに限ったことなのか、それともすべてのオオツノコクヌストモドキにとって4日間、逃げ続けるのが最もいいのかは、日本で見つかったこの集団だけを使って調べてもわからないに違いない。おそらく本種の原産地と考えられるインドかネパールなどの山岳地帯に行って採集してくる必要があるだろう。野外で調べてみない限り、なぜ4日間だけ逃げ続けるのか、の謎が生態学の視点から本当に解けたことにはならない。これは今後の楽しみのひとつとしてとっておくことにしよう。

その後、負けたオスについてはさらに驚くべき発見が待っていた。

闘いに負けたオスは先述したとおり、逃げているあいだに他のオスと出会っても、決して相手にせず闘わずに逃げ続ける。ところが、相手がメスだと実は様子が異なった。逃げている時でもメスに出会うと、逃げないで立ち止まるのだ。振り向くどころかちゃっかりと求愛し、交尾までする。

さらに驚くのはここからだ。闘う前のオスと闘いに負けて1日が過ぎたオスを、それぞれメスと交尾させてみた。次は、当時研究室にいた、顕微鏡で虫を解剖する能力にとても長《た》けた別の院生の出番である。彼はメスの受精嚢《じゅせいのう》（精子を貯めておく袋。次章で詳しく説明する）を取り出して、射精されたオスの精子の数をカウントした。闘う前のオスはメスに160個ほどの精子を送り込んでいた。ところが負けて1日が過ぎたオスは、闘う前のオスに比べて2倍近くの数、つまり320個ほどの精子をメスに送り込んでいたのである。さらに負けて5日目のオスも交尾させた。すると負けから5日が経過したオスの射精量は、闘う前の射精量のレベル、つまり160個ほどにまで戻っていたのだ。

負けたオスの記憶は4日間続く。その4日のあいだ、オスはひたすら逃げ続けて闘争しないが、もし逃走中にメスに出会うとちゃっかりと交尾をし、しかも普段よりも2倍も多い精子を射精する。この結果は、2010年に"Journal of Biological Dynamics"に公表された（そのプレスリリースが6年後になったのは先述したとおり）。

顎の長さを育種する

オス同士が簡単に闘いを行い、小麦粉のエサだけで世代をいくつもつなげる、オオツノコクヌストモドキの武器を人工的に進化させてみるとどうなるか、という実験の準備がついに整った。

それは、顎の長いオスを人為的に育種してみようという実験である。学位取得を目指して2004年からこの実験を担当したのは、ヨツボシケシキスイの研究から転向した院生だ。僕たちは仮説を立てた。長い顎を持つよう育種したオスではきっと、体の他の部分も形が変わり、例えば長い顎を支える胸の筋肉などが発達し、全体として闘いに適したボディビルダーのような体つきに進化するだろう、と。

反対に、顎が短くなるように育種したオスは、闘いをしない戦略を身につけるのではないかとは予測できるものの、はたしてどのような体つきになるのだろうか？　これについての予測は立てなかったし、そのように育種した集団のメスはどのような体つきになるのかについても、実験開始前に明確な予測があったわけではなかった。

まず任意に選んだ100匹のオスの顎の長さを実体顕微鏡で測定する。このうち最も顎の長かった順に番号をつけて上位12匹のオスをメスと交尾させる。メスには大顎や角がないので、100匹のメスから任意に12匹を選ぶ。このメスたちから生まれた卵を幼虫から成虫へと育て100匹のオスを選び、再び顎の長さを測って最も顎の長かった12匹のオスと任意に選んだメス12匹を交尾させる。これを「ロング系統」と呼ぶ。反対に最も顎の短かった12匹のオスと任意に選んだ12匹のメスを交尾させて繁殖させた系統を「ショート系統」と呼んだ。

こうして2年近くのあいだ、その院生は顎の長い系統と短い系統を10世代にわたって育種したのである（コクヌストモドキで死にまねをする系統を育種する時も、同じことをしたのではあったが）。

この時100匹のなかから任意に12匹のオスとメスを選んで繁殖させる「コントロールの系統」もつくった。いわゆる対照群だ。また育種の結果が偶然に起こったものではないことを明らかにするために、同様の実験を別に並行して行い、ロング、ショート、コントロールをそれぞれ2系統ずつつくった。もしこの選抜実験を一度しか行わなかったならば、得られた結果は育種をした結果ではなく、他の要因によってたまたま生じた可能性も拭いきれない。2回の実験とも同じ結果が得られれば、それは育種の効果だと強くいうことができる。

ファイタータイプとスレンダータイプ

10世代を経たあと、院生はオオツノコクヌストモドキの体つきのどこが異なるかを実体顕微鏡で調べた。計測した部分は体重、体長、腹の長さ、腹の幅、胸の長さ、胸の幅、頭の長さ、頭の幅、触角の長さ、目の面積、角の長さ、顎の長さ、脚の長さと太さだった。

結果、長い顎を持つオスを選び続けたロング系統の顎の長さは0・45㎜であり、短い顎のショート系統では、0・25㎜という短い顎を持つようになった。その差は実に2倍近くにもなった。顎の長さにかかわらず任意にオスを選んで交配させたコントロールの系統では、顎の長さは育種をする前のオスたちと変わらず、0・38㎜くらいだった。

ロング系統のオスでは大顎の他に、大顎を支える頭部と胸部が大きくなっていた。おそらく闘争する時踏ん張るためだろう、前脚も太くなっていた。つまりボディビルダーのように虫の上半身だけがたくましく発達していたのである。一方で、腹部の長さは体の大きさの割には短くなった。また大顎の周囲に位置する目の面積が小さくなり、触角は短く、頭から生える角も小さくなっていた。頬の出っ張りは大きくなったが、この部分をどのように闘いに使っているのかはまだわかっていない。

一方、顎の短いオスを選び続けたショート系統の体つきはスレンダーになった。胸部は小さくなり、腹部が長くなった。つまり胴長になったのである。

顎という闘う武器のサイズを2年ほど育種しただけで、体型がすっかり変わって、ファイタータイプとスレンダータイプのオオツノコクヌストモドキができ上がったわけである。さらにロング系統とショート系統のオスでは、闘争心にも変化が起きていた。ロング系統のオスたちは、他のオスとより長く闘うのである。一方、顎の短いショート系統のオスたちは、育種をしていないコントロール系統のオスたちと比べても短い時間しか闘わなかった。つまり武器の形態が変わると、闘争心も相関して変わってしまうのである。院生はこれら一連の結果をまとめて、２００９年に国際動物行動学会誌に公表した。

育種した系統の生殖機能においては、解剖の上手なもうひとりの院生が、その能力を発揮してくれた。

顎の短いショート系統のオスの生殖器を取り出したところ、これらのオスでは単に腹部が長くなっていただけではなかった。その長い腹部に大きな精巣を進化させていたのだ。ショート系統とロング系統のオスをメスと交尾させ、その受精嚢の精子を数えてみると、ロング系統のオスでは１００個ほどの精子しか射精していないが、ショート系統のオスは1回の交尾で２００個以上の精子をメスに射精していた。

また闘わないショート系統は、闘うロング系統に比べて長い前翅を10世代のあいだに進化させ、よく飛翔するようになった。つまりオオツノコクヌストモドキでは、長い顎を持つファイタータイプのオスは縄張り防衛に注力し、闘ってメスを獲得することに専念する。一方、遺伝的に小型として生まれてきた顎の短いオスは、闘わずにスニーキングしたり、分散してメスを探し回り、メスと出会うとたくさんの精子を送り込むのである。

ヨツボシケシキスイ（前の章で説明した、分散する虫）のような3タイプは現れずに、この虫は大型と小型のふたつのタイプに分別された。これらの結果は２０１０年に英国王立協会の生物学専門誌"Proceedings of the Royal Society B"に公表された。

メスの心と秋の空

ではメスは、ファイタータイプとスレンダータイプのどちらのオスを好むのだろうか？　そんな疑問に答える研究成果が、僕の研究室から巣立った研究者たちと英国エクセター大学のデイビッド・ホスケン教授によって２０１４年、英国王立協会紀要"Proceedings of the Royal Society B"に公表されている。

前章のヒゲナガヘリカメムシで見てきたように、メスは多くのケースで縄張り争いに勝った強いオスを選り好んで交尾をする。ところがオオツノコクヌストモドキのメスは、大顎の大きなオス、あるいは小さいオスと対にさせると、むしろ大顎の小さなオスと好んで交尾をするのだ（この実験では、育種した系統は使っていない）。大顎の小さなオスには意外な「魅力」があるのだった。

オオツノコクヌストモドキのオスは、メスの背中に乗ってマウントする時にメスのおなかを軽く叩《たた》く「タッピング」という求愛行動を行う。単位時間あたりにどれだけの頻度でタッピングするのか比べたところ、メスは、より多くタッピングするオスとの交尾をより容易に受け入れた。そしてそのようなオスと交尾したメスが生んだ子は発育がよく、息子（オス）もよりメスに好まれやすかった。ところが大顎の大きなオスをメスが進んで受け入れるという証拠は得られなかった。つまりこの虫のメスは、こまめに求愛をするタイプのオスを交尾相手として選ぶ傾向が見られたのだった。必死に闘争することで子孫を残そうとするオスの思惑とは異なるところで、メスは違ったオスの好みを進化させていたのだ。

それでは、メスをファイタータイプ（ロング系統）とスレンダータイプ（ショート系統）のオスとそれぞれ交尾させた場合、その娘（メス）はどうなってしまうのだろうか？　そこにはちょっと悲しい結果が待ち受けていたのだ。

メスではどうなったのか？

ファイタータイプのオスとメスを交尾させて生まれた子供はファイタータイプになり、スレンダータイプのオスとの子供はスレンダータイプになる。顎が発達して上半身がたくましくなったファイタータイプのオスは、こまめにタッピングしなくとも、闘いに勝つことによってより多く交尾できる。そしてたくさんのファイタータイプの息子をのちの世に残せるのはいいとして、この父から生まれた娘はどうなってしまうのだろうか？

メスには大顎がないため、顎を発達させようがない。ところが娘の体格を計測してみると、頭部や胸部がオス同様に肥大化していた。ファイタータイプの配偶者を持った集団のメスたちは、上半身と前脚のたくましくなった娘たちを生んだのである。

父にとっては生存に有利だった格闘家の体型を生む遺伝子は、ファイタータイプの娘を生んでしまう。もちろんこの虫のメスは闘わないため、メスにとっては生きていくうえでファイタータイプの遺伝子は邪魔となる。つまりオスの闘争能力を人為的に究極まで進化させた結果、ファイターとなった家系では、息子の交尾戦略では利点も多いが、娘にとって利点はない。

ひ弱なスレンダータイプとなった家系の息子は、スニーキングや精子を多くして代替戦術を発達させるものの、闘いで勝ってメスと交尾する戦略では不利となる。しかし、スレンダータイプの父親を持った娘は、実は繁殖においては有利になる。なぜかといえば、スレンダータイプは腹部が長い体格を持つため、メスで腹部が長いと卵巣がそれに伴って大きくなり、たくさんの卵をおなかに持てるようになるからである。

つまり、このオオツノコクヌストモドキの実験によって、オスにとって有利な武器（大顎）という形質を持つことが、その娘であるメスには有利とならないことがわかった。言い換えると、武器を持つという遺伝子はオスにとっては有利だが、メスにとっては必ずしも有利ではなく、オスとメスの利害の対立が解消されないといえる。つまり性的対立が存在することがあらためて示されたのだ。この結果は、2010年に"Current Biology"という国際的な生物学雑誌に掲載された。

さらに、院生たちがスレンダータイプとファイタータイプのメスが生涯に生んだ卵の数を比べたところ、スレンダータイプのメスのほうが多かった。そしてスレンダータイプのメスは息子よりも娘を多く生み、ファイタータイプのメスは生む子の数は少なく、娘よりも息子をより多く生んだ。これはメスの対抗戦略だとも考えられる。ファイタータイプのメスは、ファイタータイプの娘を生むよりも息子を生んだほうが、より自分の遺伝子を後世に残せるのだ。子をたくさん残せないファイタータイプのメスは、娘よりも息子をより多く生むことで、オスがもたらした過酷な運命に対抗しているのだ。

ついに僕たちの前に、暴走するオオツノコクヌストモドキのオスに対抗するメスの戦略が姿を見せた。性的対立が顔を出したのである。

第4章　そして「性的対立」が生じる

こちらを立てればあちらが立たず

ついに性的対立が僕らの目の前にも現れたわけだから、ここで性的対立の意味について解説しておこう。

「性的対立」とは「セクシャル・コンフリクト」の和訳である。オスとメスの利害が一致しないことを説明するために提唱された言葉で、「性的葛藤」や「雌雄の対立」と訳される場合もある。

生物学的に説明すると、性的対立とは、より多くの遺伝子を残すという同じ目的に対し有利となるどちらかの性の性質が、もう一方の性では不利に働く状態を指す。前章のオオツノコクヌストモドキにたとえると、ファイタータイプの家系では息子は戦《いくさ》に勝ってメスを獲得でき、子を残すために有利となるが、娘では残せる卵数が少なくなってしまった。反対にスレンダータイプの家系では、娘は卵巣が大きく発達し多くの子供を残せたが、息子は闘いに勝てないので縄張りを持てず、残せる子の数が少なくなった。

この例のように、性的対立がもたらす進化的に滑稽な帰結は多いのだが、では、そもそも性的対立という概念はどのような学術的なバックグラウンドから生まれてきたのだろうか?

本章ではチャールズ・ダーウィンにまでさかのぼって、性選択から始まる「性をめぐる淘汰《とうた》の研究史」の変遷を紹介し、いろんな昆虫を研究対象として繰り広げられてきた性的対立の研究の歴史について説明しよう。

性的対立、誕生以前

性的対立という考えが生まれた背景には、「性選択」という考え方がある。英国が生んだ進化学者であるチャールズ・ダーウィンが、「自然選択」では説明できない「シカの角とかクジャクの美しい羽がなぜオスにのみ見られるのか」を説明するため、1871年に公表したのが性選択説である。

まず自然選択から解説しよう。ダーウィンが1858年に公にした説で、生物がどのような遺伝子を後世に残すのか、そのルールをシンプルに説明したものだ。

ルールはいたって簡単で、①変異：ある形質にはばらつきがある。②遺伝：その形質の一部は親から子へと遺伝する。③選択：ある形質を持った個体は、それを持たない個体よりも多くの子供を残せる。という3つのルールで生物は進化する、というものだ。

例えば、シカが敵から逃げる時に速く走れるようになったのは、①他のシカより、より速く走れるシカがいる。②そのシカの子は、他のシカより速く走れる。③より速く走れるそのシカは敵に食われないで生き残り、子を残す（つまり遺伝子を残す）可能性が高い。だから現在シカの足が速いのは、より速く走れるシカがより多く生き残ったため、と考える。自然選択がもたらす進化の基本がこれである。

ところが自然選択の考え方だと、クジャクの美しい羽がなぜオスにだけ進化したのかを説明できない。派手なオスの羽は、敵から逃れるどころか、むしろ目立ってしまい敵に気付かれやすく捕食されやすい。自然選択では圧倒的に不利だ。ところが、オスの羽が立派なのは、メスにとって魅力的であり、より多くのメスと交尾ができて、多くの子を残せるためだと考えればうまく説明がつくとダーウィンは思い付いた。

彼はこう考えた。クジャクのオスの美しい羽は、①変異：羽の模様には個体によってばらつきがある。②遺伝：羽の模様は父親から息子へと遺伝する。③選択：より美しい羽を持ったオスはメスにとって魅力的なため、多くのメスと交尾することができ、より多くの子を残すことができる。こうしたルールに従って性による選択がなされ、生物は進化するというものだ。

この時、息子に伝わるのは美しい羽を持つ遺伝子だが、娘に伝わるのは美しい羽を持つオスを好む遺伝子である。なぜなら、①羽の好みにはメスによってばらつきがある。②その好みは母親から娘へと遺伝する。③より美しい羽に惹《ひ》かれるメスはより魅力的なオスの遺伝子を後世に残せる――からだ。ちなみに、クジャクにおいて実際にメスが好むのは目玉模様の数である。そのため現在、世の中のクジャクのオスは多くの目玉模様を持っている。

なお自然選択説は『種の起源』（1859年）に、性選択説は『人間の由来と性に関連した選択』（1871年）というダーウィンの著作で、それぞれ説明されている。

性的対立の誕生

性選択の考え方では、美しい羽を持つオスとそれを好むメスの遺伝子がともに同じ方向に進んで進化する。つまりオスがより多くの遺伝子を残すために有利となる性質が、メスでもより多くの遺伝子を残すことに有利に働く。オスの利益とメスの利益は一致するのだ。これはメスとオスが同じ方向に向かってどんどん限りなく（＝runaway）進化するという意味で「ランナウェイ共進化」の現象の一例とされる。オスのグッピーが持つ美しい尾鰭《おびれ》や、オスだけが奏でるコオロギの求愛歌もランナウェイ共進化の例である。

ところが世の中を見渡せば、実はオスとメスの利害が一致しないことは多い。

例えば、ハエでは1匹のメスが持てる卵の数に限度がある。そのためメスは、たくさんのオスと交尾しようが1匹のオスと交尾しようが、残せる子供の数は変わらない。しかし、オスでは事情がまったく異なる。1匹のオスは交尾するメスの数だけ、残せる自分の遺伝子の数が増加する。これではどれだけ自分のDNAを子孫に残せるか、つまり何匹の異性と交尾すべきかをめぐって、メスとオスの利害は一致するわけがない。

メスとオスが残せる子供の数が一致しないという実験結果は、1948年に英国の遺伝学者であるアンガス・ジョン・ベイトマン博士によって、キイロショウジョウバエを使って発見されたので、「ベイトマンの原理」と呼ばれている。このようなケースでは「対抗的な共進化」が生じるのだ。

この実験結果が公になってから約30年目に、ついにセクシャル・コンフリクトというアイデアが登場した。オスとメスのあいだに対抗進化が生じるという考え方が示されたのだ。

このアイデアを最初に世に表したのは英国リバプール大学のジェフ・パーカー教授である。1979年に発刊された『昆虫における性選択と繁殖競争』という論文集に教授は「性選択と性的対立」という論文を寄稿した。ここでセクシャル・コンフリクトという用語が初めて使われたのである。だから「性的対立」はリバプールで誕生したことになる。

この論文がその後、他の研究者によってどれだけ引用されたかについては、2005年に出版された専門書である"Sexual Conflict"に紹介がある。

それによれば、1980年代には毎年、10以下の論文数しかなかったが、1990年代の後半になってこの文献を引用した論文は指数的に増え、調査によれば2004年（単年）では40本にものぼっている。グーグル・スカラーを使って僕も調べてみると、確かに1980年には5本であったが、2005年は70本で2006年は65本、2009年には91本、2014年には92本の論文が、パーカー教授の論文を引用している。合計すると2017年12月20日までに引用された数は1351論文にものぼる。

ひとつの論文がのちに1000を超える他の論文に引用されるというのは、大きな研究分野である医学や工学などと比べて、規模の小さな進化生物学の分野ではとても珍しい。それだけこの論文が世界の研究者に注目されている証拠である。

同性内選択とは

ダーウィンが提唱した性選択には、ふたつのタイプがある。

ひとつはオス同士が闘う「同性内選択」で、もうひとつがクジャクの羽を例にして説明した「異性間選択」と呼ばれるものだ。

同性内で生じる性選択は、直感的にわかりやすい。例えば、草原では雄ジカは大きな角を、キリンのオスはメスに比べて長い首を発達させる。海ではイッカクが1本のまっすぐに伸びた歯を、森ではカブトムシが発達した1本の鋭い角を、小麦粉の中ではオオツノコクヌストモドキが大きな顎を、竹林ではヒゲナガヘリカメムシが後ろ脚を発達させる。オス同士の闘いの勝者がメスと交尾するための縄張りを持つことができ、自分の遺伝子を息子の世代へとより広めることに成功する。より闘いに強い遺伝子が子供の世代に伝わって進化していく。

同性内選択によって片方の性の特徴が誇張され、オスとメスの姿かたちが分岐していくことは、ダーウィンが生きた時代の人々にもすぐに理解された。当時の人たちはオスだけにある角を使って闘うシカや、角の生えた甲虫のオスを直接見ることができたからである。

性選択によってオスが発達させた武器は、僕たちが肉眼で容易に見ることのできる顎や角や脚だけではなかった。毒を持つ精液、トゲの生えたペニス、メスの交尾器を離さないように進化したオスの把握器や、膣《ちつ》ではなくおなかに直接挿入されるオスの性器など、外見から見ることのできない形態や性質も、性選択によって密《ひそ》かに進化していたのである。驚かれた方もいると思うが、これらはすべて事実である。ひとつずつ紹介していこう。

バナナなどの果実を置いておくとどこからともなく寄ってきて卵を生み付け、ウジが出てくるキイロショウジョウバエ。このオスは精液の中にメスを殺す、ACPと呼ばれる毒性のあるタンパク質を混ぜ込ませる。ロンドン大学ユニバーシティ・カレッジのリンダ・パートリッジ教授とトレーシー・チャップマン博士らは、このタンパク質を多く含むオスほど、交尾したメスが早く死んでしまうことを1995年に発見した。

この発見は生物学者に多くの驚きをもたらした。なぜ、オスは自分の配偶者となったメスの寿命を短くしてしまわなければならないのか。一見、矛盾に満ちた現象だが、これはオス同士の精子競争の帰結と考えれば納得がいく。性的対立の話に立ち入る前に、精子同士の競争について説明しておこう。

競争は精子まで続く

ダーウィンの時代には、オス同士が遺伝子を残すために競争するゴールは交尾だとされていた。交尾したオスが、子の父親になると考えられたからだ。

もしメスが1回しか交尾しないのであれば、ゴールは交尾で正しい。しかし多くの生物で、メスは何匹ものオスと交尾する。メスが複数のオスと交尾をした場合には、メスの受精嚢《じゅせいのう》や生殖管の中で2匹以上のオスの精子が競争する。ひとつの卵と受精できるのはどちらか一方のオスの精子である。これが「精子競争」である。

精子と精子がメスの生殖器官の中で互いに競争しあうことが性選択に深くかかわる事実を世に正しく示し、精子競争という言葉を示したのも、前述したリバプール大学のジェフ・パーカー教授（P106）だった。それも教授が性的対立の概念を示す9年前の1970年である。

オスはメスの体の中で、他のオスの精子よりもより卵の近くに自らの精子を置くために競いあっているのではないか、とパーカー教授は考えた。つまり卵の受精に際して少しでも自分の精子が有利になるようオス同士の競争があると提唱したのだ。この精子競争の発見が、パーカー教授に性的対立という概念を生み出させるきっかけとなった。

メスに交尾をさせないオスの戦略

精子競争については、バージンのメスと最初にこの世で交尾する「1番目のオス」と、既交尾のメスと交尾する「2番目のオス」で、異なる戦略が進化するのは当然である。1番目のオスにとって問題なのは、自分の精子を受精した卵を生むまでそのメスが貞操を守ってくれるか、の一点に尽きる。

昆虫を含む節足動物のメスでは、オスが射精した精子を受精の時まで体内に貯めておく受精嚢と呼ばれる袋状の器官を持っている。少し専門的になるが、誤解のないようにここで詳しく説明しておこう。

昆虫には受精嚢と貯精嚢と呼ばれる器官がある。前者はメスが持つ器官で、後者はオスが持つ器官である（これは専門家でも時々、混乱するようだ）。『岩波 生物学事典（第5版）』（2013年）によれば受精嚢（セミナル・レセプタクル）は「扁形動物、昆虫類その他の節足動物において、交尾により雄または相手（雌雄同体の場合）の個体から得た精子を、受精のときまで貯えておく小嚢」とあり、となればこれは、メスが体内に持っている器官である。一方、貯精嚢（ベシキュラ・セミナリスまたはスペールマティーカ、他）は「環形動物、軟体動物の頭足類、ある種の昆虫類などに見られ、輸精管にあって成熟した精子を射精時まで貯える嚢」とあり、オスの体内に存在する器官を指す。

メスが持つ受精嚢の中で、自分の精子が他のオスの精子と競争になる事態を避ける対策をとるのが1番目のオスにとっては賢明だ。それについてはこれまでに6つの戦略が進化してきたことが明らかにされている。なお、数字に続く戦略名は僕の造語である。

（1）早熟戦略。1番目のオスにとっての受精をめぐる競争は、幼虫の時期にすでに始まっている。たくさんエサを食べ早く育ち、他のオスより早く成虫になって羽化してくるメスを待ち伏せるのだ。なかには羽化したてのメスに無理やり、交尾を試みようとする昆虫もいる。
(2) プラグ戦略。交尾したメスの生殖器を物理的に塞《ふさ》いでしまうことだ。ウスバシロチョウやアゲハチョウの仲間には、精液に含まれる粘着性のある分泌物を交尾のあとに雌の膣に塗りたくって塞いでしまい、他のオスの性器が入らないようにするものがいる。専門用語で「交尾プラグ」と呼ばれるこの分泌物は、ギフチョウのように生涯にわたってメスの体から二度と外れることがないものもあれば、数日で外れてしまう種類もある。オスにとってみれば、自分の精子を受精した卵を生んでくれたあとのプラグは用済みといえる。
(3) 自分でフタ戦略。昆虫のなかには、自分が交尾プラグとなってしまう種類もいる。森の中の木の葉の上や草むらを覗《のぞ》いてみると、尾と尾をくっつけて反対を向いてつながっているカメムシや、小さなオスを背中に乗っけたまま葉っぱを食べているナナフシやオンブバッタを見かけることがある。カメムシは種類によっては1日以上、ナナフシに至っては2週間も交尾は続く。これは交尾してからメスが卵を生むまでの期間と等しいことが多い。つまり、自分のDNAの入った卵が無事生まれるその時まで、自分自身が交尾プラグの役割を果たすのだ。

（4）拘束戦略。公園の池などの周辺を散歩していると、2匹のトンボがハートのマークをつくっていることがある。よく見るとあれは、上に位置するオスが尾（腹部）についている把握器で、メスの胸部と頭部の間を挟んでいるのがわかる。オスに首を挟まれたメスは自分の長い腹部を曲げてオスの胸部に位置する生殖器にくっつけ、精子を受け取っている。トンボのオスの生殖器は胸部のすぐ後ろに位置している。メスが卵を水草に生み付けるまでオスはこの姿勢を保ったまま他のオスに乗っ取られないように、メスを把握器で挟みつけたまま付きまとう。このハートマークはメスとオスの愛のあかしではなく、自分のDNAを後世に残すために進化した、メスを拘束するオスの戦略の結果なのだ。

二度とメスに交尾をさせない

さらに、びっくりするような戦略を進化させたオスもいる。

（5）交尾器破壊戦略。バージンメスと最初に交尾をしたオスが驚くべき蛮行に及ぶクモが、最近になって相次いで発見された。交尾をしたあとに交尾相手のメスの生殖器を壊してしまうオスグモが2015年にドイツで、2016年に日本でそれぞれ独立に発見されたのだ。

最初に報告されたのは、ドイツのクモ研究者が2015年11月に公表したキタコガネグモダマシというクモの交尾である。交尾の時にオスは頭部から生えた1対の触肢を、メスの腹部にある交尾器に挿入して精子を注入する。クモでは頭部から生える触肢に精子が詰まっているのだ。すると注入を終えてメスの腹から降りる時にオスが、なんと触肢でメスの交尾器をつかんでひねって潰してしまった。研究者はこのクモのメスの交尾器が本来は膨らんでいるはずが、膨らみのないメスが野外にも結構いることを不思議に思った。そしてこれはオスが壊してしまったのではないかと考え、交尾をじっくりと観察してみたのだった。

同じ時期に日本の関西に棲《す》むギンメッキゴミグモというクモでも、交尾を遂げた9割ほどのオスがメスの交尾器のある部分を取り除いてしまい、他のオスと交尾できなくさせてしまう事実が発表された。ただしメスは交尾器を壊されても、交尾ができなくなるだけで、通常の生活や卵を生むことにはなんの支障もなかった。

(6) 化学物質戦略。オスが進化させた、再交尾を抑制する精液物質もある。

これはキイロショウジョウバエを使って研究された。オスはメスと交尾する際に、精液の中に精子を入れてメスに発射する。この精液の中にはいろんなメッセージを含んだ化学物質が含まれているのだ。わかりやすいメッセージとしては、メスに交尾する意欲をなくさせる化学物質がある。交尾意欲をなくさせる代わりに、より早く卵をつくらせるような指令を含んだタンパク質も精液には含まれている。自分のDNAをより多く残すために進化させたこの戦略がオスにもたらすメリットは、とてもわかりやすい。

既交尾のメスと交尾するオスの戦略

2番目のオスが自分の遺伝子を残すために進化させた戦略は、1番目のオスの戦略よりは限られている。シャッフル戦略と搔《か》き出《だ》し戦略のふたつである。

（1）シャッフル戦略。これは、ひたすら精巣を大きくさせて射精できる精子の数を増やす方向への進化である。少しでも自分の精子が受精されるように、とにかくたくさんの精子をメスに射精して前のオスの精子の密度を薄めてしまう方法だ。オス同士の精子が交ざってしまうような構造をした袋をメスが体の中に持つ種類では、この手法が進化する。先に送り込まれた精子との確率的な競争になる時には、宝くじをたくさん買うように、とにかくたくさんの精子を送り込んで、自分のDNAを少しでも多く残すような戦略が進化する。

（2）搔き出し戦略。最後に紹介するこの戦略は、メスの受精嚢の中に先に送り込まれていた精子を排除してしまうという方法である。

この戦略の発見は動物行動学の古典のひとつに数えられている。トンボの縄張り行動を研究していた米国の昆虫博士ワーゲは、イトトンボの一種を観察した。その際、メスの受精嚢の精子の数を数え、空中を飛んでいるメスと交尾をすませたことが確実にわかるメスにはたくさんの精子が詰まっているのに、交尾中のメスを採ってきて受精嚢を解剖すると、精子がほとんど入っていないことを発見した。そこでこのトンボのオスのペニスを電子顕微鏡で撮影したところ、ペニスの先端に返しのようなトゲがたくさん付いていた。このトゲのなかにはスプーンのような形をしたものもあり、交尾中のペニスの写真を撮ると、このスプーン状のトゲにたくさんの精子がくっついていた。そこで博士は「イトトンボのペニスにおけるふたつの機能：精子の置き換えと精子の注入」と題した論文を1979年の"Science"誌に公表したのであった。

1900年頃に日本に帰化した外来昆虫であるアオマツムシでは、オスはメスの生殖器から掻き出した、先に交尾した別のオスの精子を食べて、自分の精子をつくるための栄養にしているということまで発見されている。

精子を掻き出すという2番目のオスの戦略は昆虫だけではない。

ヒトをモデルとした実験

トンボの精子掻き出しの話を読んで、もしかしたら人間でもそのようなことがありうるのかと、僕たちの生殖器の形を思い浮かべた方がいるかもしれない。それを実際に検証した研究者は、やはり存在した。

ニューヨーク州立大学のギャラップ博士らは、ヒトでもペニスによる精子の掻き出しがあるのかについて調べている。彼らは、ペニスとヴァギナにそっくりな模型を企業につくってもらい、トウモロコシから採ったデンプンと水を混ぜた人工精液を使って実験してみた。人工精液を注入した人工ヴァギナの中に、返しのついた亀頭を模した人工ペニスを挿入する。そしてピストン運動を繰り返してみると、注入した液体の9割が人工ペニスの本物そっくりな返しの後ろに追いやられて、人工ヴァギナからあふれ出てきたというのだ。

彼らはいくつかの模型を試作している。２００３年に公表された論文には模型の写真も掲載されていた。返しのついていないバイブレーターのようなものも使って比較しているが、返しのついていないタイプは人工精液の3割ほどしか掻き出せず、返しのついているものはいずれも9割程度の精子の置き換えに成功した。また挿入する深さを25%、50%、75%、100%と4段階に設定して実験したところ、深くペニスを挿入してピストン運動をするほうが、より精液の置き換えに成功することも証明している。

さらに彼らは同じ大学の学生に覆面アンケート調査を行い、パートナーに浮気の疑いがある時には男性(54人による回答)はより深く挿入し、より早くピストン運動を行うことも明らかにしている。また女性に対するアンケート(68人による回答)でも、男性のそのような行動は確かにそうだ、という回答を得ており、先に書いた同じ論文のなかで公表している。

実証は倫理的に不可能であろうが、この結果は「ヒトのペニスにも精子掻き出しの機能がある」と推察するには十分なものだろう。ギャラップ博士らも「人工ペニスを使った本実験の結果は、人間の男性の生殖器の構造とセックス時の行動は、精子競争の歴史によって形づくられてきていることを示唆している」と、論文の最後を締めくくっている。

彼らはその後、2006年にも652人の学生に対してアンケート調査を行ったが、13・4%の女子学生が「24時間以内に2人以上の男性とセックスを経験したことがある」と答えている。昆虫と違って人間の女性には精子を貯蔵する袋はないが、24時間以内に二度射精が行われるのなら、2番目の男性のペニスによる精子の掻き出しが功を奏する場面は、十分にあると思われる。

ただしヒトに近いチンパンジーなどの動物のペニスにはこのような返しや、スプーン状の突起はない。代わりに、ペニスにトゲが生えている。これは挿入されたペニスが容易に引き抜けないように進化したものである可能性が高いし、このトゲにある程度は精子がくっついて掻き出しができる可能性もある。また、排卵を誘発させるという報告もある。ヒトやサルで実験ができないため、真相の解明は簡単ではないだろうが、僕たちのシステムにも精子競争が影響してきたことは容易に想像できる。

毒を持つ精液

さて109ページからお待たせしていた、精子競争がキイロショウジョウバエの性的対立に深くかかわっていく様子を紹介しよう。

先に述べたように、このハエのオスが精液の中に毒を入れてメスの寿命を短くしてしまうことは、1995年に英国のリンダ・パートリッジ教授らが発見した。しかし肝心の、そのメカニズムについてはすぐにはわからず、世界の生物学者が困惑したのであった。

この発見に興味を持った米国のライス博士らは、キイロショウジョウバエのメスとオスを小さなビンで1匹ずつペアにして30世代以上も飼い続け、「単婚系統」と名付けた。単婚系統のオスはメスに求愛する頻度が低くなった。かたやメスが何匹ものオスと交尾ができるようにして、ビンで同じく30世代以上も飼い続けた集団を「乱婚系統」と名付けた。そして乱婚系統のオスを単婚系統のメスと交尾させると、メスはまたたく間に死んでしまったのである。これは数十世代のあいだに乱婚系統のオスが、他のオスとの精子競争に勝つために強い毒性を進化させたせいだった。このオスは精液に毒を含ませることで、他のオスの精子を殺して自分のDNAを残すように進化したのである。

かつてジェフ・パーカー教授は「世の中にはメスとオスの対立によって互いが拮抗《きっこう》し、暴走する進化の形がある」と提唱した。一連の実験は、この性的対立のアイデアが現実に存在していることを生物学者たちに気付かせたのである。

1999年に報告されたこの発見をきっかけとして、それまでの雌雄の交尾に観察された、一見、不思議に思える奇怪な現象の多くは、実は性的対立で説明できるのではないかという気運が、学界に一気に広がった。そして性的対立の研究は、進化生物学者のあいだでまたたく間にトレンドになったのだ。

ハエ以外にも、性的対立の研究勃興に火をつけた代表的な研究が3つある。紹介しよう。

トゲの生えたペニス

まずひとつ目が、ゾウムシのペニスに生えたトゲの研究である。ヨツモンマメゾウムシという甲虫のペニスにはトゲが発達している【写真13】。そしてこのトゲは交尾中にメスの生殖管に突き刺さって、メスの寿命を短くしてしまう。一度しか交尾しなかったメスよりも二度交尾したメスのほうが寿命は短くなる。２０００年、最初にこの衝撃的な事実を"Nature"誌に公表したのは英国のマイク・シバジョシー教授たちの研究グループである。

この研究に刺激を受けたスウェーデンのヨーラン・アーンクヴィスト教授らは、この虫のメスの生殖管を輪切りにして電子顕微鏡で観察した。するとその内壁はとても分厚かった。そこで教授は世界中

写真13
トゲが発達したペニス

ⒸScience Photo Library/amanaimages
初出："Nature" 誌

から7種類のマメゾウムシの仲間を集めてきて、オスのペニスとメスの生殖管を観察した。するとペニスに生えたトゲがたくましく発達した種ほど、メスの生殖管の壁は厚くなっていることがわかった。つまり、メスは生殖管の壁を厚くすることで、オスが進化させたトゲ戦略に対抗していたのである。その後、レイ・シモンズ教授ら（西オーストラリア大学）が、生息地が異なるヨツモンマメゾウムシの13の集団を採集し、オスのトゲとメスの壁を比べたところ、同種内でもこの関係が成り立つことが2017年に公表されている。

だがこのトゲの適応的な意味をめぐっては、今でもいろいろと論争が続いている。確かにマメゾウムシの交尾を見ていると、マウントされたメスは交尾して数分ほどすると、自分の上に乗っているオスを嫌がって後ろ脚で激しくキックする。そこで交尾前にメスの脚をシバジョシー教授たちが切除したところ、キックできなくなったメスは交尾のあと、さらに早く死んでしまった。そのため、メスのキックはオスのトゲに対抗するために発達させたメスの防護策だと最初は考えられた。ちなみにこのマメゾウムシのオスのトゲには、直前に交尾したオスの精子をすくい取るためのスプーンのような機能はないし、電子顕微鏡で交尾中のオスを引き離して液体窒素を噴射してペニスを観察した研究も行われたが、ペニスに精子は付着していなかった。

ということは、この虫では精子を置き換えるためにペニスのトゲが進化したのではない。別の可能性として、トゲはメスの生殖管に突き刺さってオスの生殖器を固定するアンカー（錨《いかり》）の機能を果たしているという説もある。

２０１４年になって新たな事実が明らかになった。メスがオスを蹴り始めた時に、シモンズ教授とその学生が人為的にペアを引き離して交尾を途中でやめさせると、交尾をやめさせずに最後までメスに自由にオスを蹴らせた場合と比べて、メスの生んだ子供は成虫まで育ちにくかったのだ。残せる子が多くなるならば、オスを蹴るというメスの行為は、のちの世代に多く広がるだろう。これだとメスは寿命が短くなっても、自分のＤＮＡを多く残せることになる。

もしかするとメスには、キックすることでより多くの精子を受け取ることができるというシステムが隠されている可能性もある。これはより多くの受精が可能になり、より強い子を世に残せるという、メスにとってメリットになるのかもしれない。だとしたらメスの不利益（寿命が短くなる）だと信じられてきた現象が、メスにとって利益に転じる可能性すらある。それが実証されれば、マメゾウムシの例は、メスとオスのランナウェイ共進化の話に転じてしまう。

同じ頃、トムキンス博士（西オーストラリア大学）も面白い実験を行っている。

交尾前に他のオスとより長いあいだ互いに体を接触させたヨツモンマメゾウムシのオスは、他個体と隔離したオスよりも長い時間、交尾を行った。さらに、他のオスと接触していたオスとの交尾のほうが、メスがオスをキックする開始時間が遅れたのだ。メスの状況は変わっていないのに、オスの経験でメスのキック行動に変化が生じるという結果である。だとすると、メスのキックを操作しているのは、メスではなく、やはりオスということになる。僕はこの研究の学外審査員を依頼されたが、まだ解決すべき謎は隠されていると感じている。

さて、ペニスにトゲの生えた生物はなにもマメゾウムシだけではない。ネコのペニスにもトゲが生えていて、この事実は1967年にはすでに報告されている。チンパンジーのペニスにもトゲが生えていることが1946年に報告されている（これはP119でも述べた）。ネコやチンパンジーに見られるトゲは、ペニスを抜き去る時にメスへの刺激となって排卵を誘発させる機能がある。

2011年になってスタンフォード大学の研究チームがチンパンジーとヒトの遺伝子の配列を比較した。"Nature"に掲載されたこの論文には、チンパンジーが持っていてヒトが持っていない遺伝子の配列が新たに510個も掲載されていた。このなかで男性ホルモンであるアンドロゲン受容体遺伝子のDNA領域に、ヒトにはない部分があった。この遺伝子領域を操作したマウスではペニスのトゲが生えなくなったことから、この領域がペニスのトゲと関連することも明らかになった。

トラウマチックな受精

そしてふたつ目。研究によって性的対立を証明したのが、アメンボの水面でのとんぼ返り行動である。

僕は子供の頃、池の上をスイスイと進むアメンボの不思議な行動を見たことがあった。それは2匹のアメンボが水面でひたすらとんぼ返りをしている光景だった。これが性的対立のもたらす光景だとは夢にも想像できなかったが、先に書いた7種類のマメゾウムシを集めたヨーラン・アーンクヴィスト教授は、アメンボでもメスとオスの対立に注目していた。

アメンボも交尾の時にオスがメスにマウントする。交尾中は無防備なので、天敵から襲われやすい。そこでメスは背中のオスを振り落とそうと暴れる。ところがオスは簡単には振り落とされない。教授が1989年に報告したところによると、マウントは長い時には48時間も続くことがある。これはトンボと同じで、オスが自分の精子を受け渡したメスをガードするためだ。アメンボではメスが2匹のオスと交尾すると、あとで交尾したオスの精子が受精に使われる割合が80％にものぼる。だから、オスは皆、自分が最後に交尾したオスになりたがる。ところがメスは無防備な交尾を続けたくない。ここに「どれだけの時間マウントを続けるのか」をめぐって、メスとオスに利害の対立が生まれるのだ。

メスに振り落とされたくないオスは必死でメスの体をつかもうとする。そのためにアメンボの腹部では特殊に発達した把握器が進化している。この把握器はオスの尾部の先端にあり、メスの生殖器を挟むような形をしている。把握器の長い父親からは長い把握器を持つ息子が生まれ、把握器が遺伝しやすい形質であることも公表されている。この把握器に対して、メスは把握されないように水面で反転して、オスを振り落とそうとする。この反転が、子供の頃に見たアメンボのとんぼ返りだったのだ。

メスはオスに把握されないよう、尾部の背面に把握に対抗するための突起まで持っている。教授は15種類のアメンボを集めてきて、オスの把握器とメスの突起部位を調べた。するとメスの突起が発達している種ほど、オスの把握器も発達していたのだ。オスの把握器がほとんど生じない種のメスの尾部はツルッとしていてまったく突起物が見当たらない。この結果は2002年に公表された。アメンボの尾部に見られるオスとメスにおける形態の性差は、性選択ではなく、性的対立がもたらした対抗進化の産物だったのだ。

こんな研究例もある。性的対立を示す代表的な研究の3つ目だ。

2001年に英国のマイク・シバジョョシー教授らは、トコジラミの驚くべき交尾を公表した。

トコジラミのメスは生殖器を持っているのだが、オスは生殖器をメスの生殖器に挿入せず、おなかの中に直接穴をあけて挿入するのだ。「トラウマチックな受精」と名付けられたこのショッキングな交尾については、メスの対抗進化の事例がまだ見つかっていないが、いずれ性的対立が顔を出すだろうと世界の昆虫学者は感じている。もしかしたら生殖器を挿入できないような盾や挿入されたオスの生殖器を溶かす仕組みなんてものが、メスに見つかるかもしれない。

メスとオスが仲良く競争しあいながら同じ方向を目指して共進化するのか、それとも対立が生じて終わりなき闘争に発展してしまうのかは、交尾という行為がメスにとって利益となるか不利益になるかに依《よ》っている。この点が、メスとオスが同じ方向を目指して進化するのか、対立の関係になるのかの、唯一大事な分岐点である。

不思議な昆虫の交尾を見てきたが、クモの交尾もまた性的対立がもとで、バラエティーに富んだものとなっている。

クモはすごい

クモでは頻繁に奇妙な交尾行動が進化する。その理由は、究極の性的対立にある。

奇妙な行動の典型がカニバリズム、つまり共食いである。網を張るタイプのクモの多くは、メスがオスを食べてしまう。すると食べられまいとするオスは、人の目から見て実に奇抜な交尾を進化させる。クモのオスも、自ら好んでメスに食べられたくはないのである。

シドニーの近郊に生息する派手なピーコックスパイダーは、オスがメスに向けて求愛のダンスを踊る。オスはダンスの合間に長い脚をブルブルと振動させ、腹部の上についている、赤と緑と青などからなるクジャクのようにあでやかな扇状の部分を広げて左右に震わせ、メスにアピールするのだ。研究者は、このダンスを吟味するメスの様子を観察した。すると場合によっては、メスは目の前でダンスをするオスを攻撃したり、さらには食べてしまったりすることもある。まさに命がけのダンスである。

メスに前脚をチラ見させるオスグモ（オスがメスの脚にそそられるという話ではない）も観察されている。チラっと脚を見せるのはメスに攻撃する気があるのかないのかを見極めているのではないかと推察されている。

学生時代の同級生がクモの共食いの研究をしていたので、僕もナガマルコガネグモというクモの交尾を見せてもらったことがある。沖縄に生息するこのクモのオスも、まるで「ダルマさんが転んだ」ゲームをしているように非常に用心深くメスに少しずつ近づいていた。それでも、交尾を試みた多くのオスがメスに食べられてしまった。

糸を使って巣をつくるクモならではというか、糸でメスの体を縛り上げてセックスする種までいる。キシダグモ科の一種は、オスが糸でメスの体をラッピングするという観察結果が2016年、米国の研究者アンダーソンらによって公表された。オスグモは自ら吐く糸でメスの脚をぐるぐる巻きにし、動けなくしたメスにマウントして交尾してしまうのだ。ちなみにオスの糸を出す器官をシリコンで覆ってしまうと、糸を吐けなくなったオスは哀れにもメスに食べられる確率が高まった。そのため、この緊縛セックスは交尾中にメスに共食いされるのを防ぐオスの対抗策として進化したと考えられている。さらにこの行動をとることでオスは交接する時間が長くなり、精子をたくさん送り込むことができるため、その結果、父親になる確率がアップした。

クモのセックスはまさに奥義のパラダイスである。オスが巨大な触肢を持つクモでは交尾の際に、1対あるうちの1本の触肢がないほうが素早くメスに接近できるため、自ら1本の触肢を切断してしまうくらいだ。

僕と性的対立研究とのかかわり

研究のトレンドは、研究者仲間の集まりが広げていくことがしばしばある。特にトレンドが新しいパラダイムである場合には、次々とそのテーマにかかわる研究者を取り込んでは拡散していく。性的対立はまさに、これまで述べたような性選択で考えても、腑《ふ》に落ちない現象を説明する新しい考え方であったため、その波及効果が高く、またたく間に進化生物学者たちのあいだに浸透していった。

ここで僕と性的対立の研究のかかわりを紹介しておこう。

先述したように、性的対立という言葉は英国のリバプールで生まれ、ロンドン大学のグループがキイロショウジョウバエでその証拠を初めてつかんで、世界に広まっていった。

性的対立の研究に僕が興味を持つきっかけになったのは、1997年から1年間、当時勤めていた沖縄県を休職してロンドン大学のパートリッジ教授の研究室に留学したことだった。ロンドン大学の研究室では、ちょうど教授がショウジョウバエのオスが精液の中に毒物質を含ませて、交尾相手の寿命を短縮させてしまうという驚きの発見をしたばかりだった。そのため研究室には各地から性的対立の研究を扱う研究者が訪れて、セミナーがよく開かれた（セミナーのあとに開かれるパブでの飲み会では、性的対立を研究するヨーロッパの研究者と少しずつ懇親を深めることができた）。

留学先には、現在イーストアングリア大学の教授となり、性的対立研究の旗頭のひとりとして活躍しているトレーシー・チャップマン博士もいて、僕は博士とチチュウカイミバエやショウジョウバエの再交尾抑制の研究を行った（博士はショウジョウバエの精液に含まれる毒物質のタンパク質を今も調べ続け、英国王立協会で性的対立シンポジウムを主催したりなど、大活躍である）。

性的対立の生みの親であるジェフ・パーカー教授は多くの弟子を持ち、多くの研究者に影響を与えた。弟子のひとりがパースにある西オーストラリア大学の教授となったレイ・シモンズ博士である。彼もまた多くの弟子を世に送り出している。

パーカー教授の影響を受けて性的対立の研究を世界的に有名にした研究者に、マメゾウムシのトゲのペニスを発見したマイク・シバジョシー博士や、トゲに対するメスの生殖器の壁による防衛を発見したヨーラン・アーンクヴィスト博士などがいる。

研究は続く、そして広まる

ところで、性的対立の研究には、研究対象となる生物の分類群が著しく偏っているという課題がある。その実態を報告したのが、米国のマーリーン・ズック教授だ。

２０１４年に公表された教授のレビューによると、性的対立のほぼ半数の研究が昆虫を対象としている。昆虫の次に研究が多いのが鳥類。そして魚類、哺乳類と続く。

昆虫のなかでも対象は特定の虫に偏っている。順位を付けると、1位はショウジョウバエの研究で27・6%を占める。2位は本書でも述べたマメゾウムシという一属に分類される甲虫で、10・3%である。そして3位アメンボ、4位コオロギなどと続く。一言でまとめると、世代を超えて飼いつなぎやすい昆虫が研究対象の大半を占めるわけだ。少数派ではあるが、ヒトでも男女の葛藤を扱った論文は存在し、これらも性的対立の研究の守備範囲にある。それは2012年のレポートだが、その後も性的対立についての研究は増え続けている。

最近は、性的対立という構図が繁殖行動の研究の周辺にある研究領域とどのようにかかわっているのか、に着目した研究が増えている。例えば、昆虫たちが卵から孵化《ふか》して成虫になって、子供を生んで死んでいくというライフサイクルに性的対立がどのようにかかわっているのだろうか？とか、ある種のメスが他の種のオスから性的なハラスメントを受けると、そのメスは同種のオスと交尾する機会が減ってしまい、異なる種の野外での分布範囲にも影響を与えることがある、というものだ。これは最近、「繁殖干渉」と呼ばれている研究分野であり、外来の生物が在来の生物に及ぼす影響のひとつとしてとらえられている。この繁殖干渉に性的対立がどのようにかかわっているのか、などの研究も進んでいる。

第5章　愛の最終決定権を握っているのはメスである

交尾後のメスのたくらみ

この章では「性的対立における最終勝者はメスである」という説明をしたい。

ジェフ・パーカー教授が登場して以来、オス同士による競争のゴールは交尾に終わらず、受精にまで延長されたことは前章で書いた。例えば、精子同士が受精をめぐって熾烈《しれつ》な争いを繰り返し、その結果として毒を持つよう進化したオスに、メスも防衛策を進化させた結果が性的対立だった。では、暴走するオスが自分のDNAを残すための最終決定権を握っているのだろうか？　それとも防衛するメスが握っているのだろうか？

実は何人もの研究者によって「子孫にDNAを残すかどうかの最終的な決定権はメスにある」という証拠が多く報告され始めている。いくらオスが暴走するといっても、最後に決めるのはメスなのである。

コスタリカ大学のビル・エバーハード博士は『メスによるコントロール――隠れてメスが選ぶことによる性選択』と題した本を1996年に著して、その事例を紹介している。メスの受精嚢《せいのう》の中で、精子たちは互いに争うだけではない。メスの厳しい吟味を受けているのだという。オスが射精した精子のうち、どの精子を自分が持っている卵に受精させるか、その最終決定権を握っているのは、実はメスだったのだ。こうなってくると、肝心なのは、メスが自分の卵に受精させるためにどのオスの精子をどのように選ぶのかにあり、これこそが受精をめぐる真のゴールとなるのだ。つまり異性間の性選択には、交尾前のメスがオスを選択する段階と、交尾後のメスが精子を選ぶ段階の2段階があったのである。

3つの袋を持つメス

メスは様々な方法を使って精子を選べるように進化した。

メスによってはオスから受け取った精子を貯めておく受精嚢という袋があることは説明したが、昆虫のなかにはこの袋を3つも進化させたメスがいる。ヒメフンバエだ。

ヒメフンバエは北半球の牧場に行けば普通に見られるハエで（日本の牧場にも普通にいる）、牛など家畜の糞《ふん》にたかってメスが卵を生み、幼虫は糞を食べて育つ。成虫の体長は5～11㎜である。

このハエを博士課程の院生の時に実験に使い、精子競争のアイデアをつかんだのは、セクシャル・コンフリクトの生みの親でもある、あのジェフ・パーカー教授だった。

パーカー教授とヒメフンバエの出会いは、少年時代にまでさかのぼる。クリケット競技場での退屈なお茶の時間に、教授はこのハエを見たのだそうだ。その後、彼は時々近くの牧場に行ってヒメフンバエの観察をして過ごすようになる。そして大学院（ブリストル大学）の学位論文で、彼はヒメフンバエを研究対象としたのだ。

オオツノコクヌストモドキがオスの武器発達のメカニズムを調べるのに最適だった（P81）ように、この小さなヒメフンバエは飼育スペースが小さくてすみ、牛の糞さえ与えていれば何世代も飼いつなぐことができる。牧場に行けばどこにでも生息しているので野外での観察も容易であり、それに加えてメスが乱婚のため、精子同士の競争を観察するのにも好都合だった。

パーカー教授はリバプール大学で教授職を得たのち、多くの弟子を持った。弟子たちはスイスの大学でヒメフンバエを使って精力的な研究を開始する。彼らはヒメフンバエを実験対象として、次々と研究成果を量産した。そして、ヒメフンバエのメスがなんと3つの受精嚢を持っていることを発見し、1993年“Behavioral Ecology and Sociobiology”誌に公表した。長時間交尾できる体サイズの大きなオスほどたくさんの精子を受精嚢に送り込むこともわかった。

受精嚢はメスの卵巣の少し下部に付属している、袋の形をした器官だ。袋に貯められていた精子は、卵巣から降りてきた卵に向かって泳いで受精が生じる。ヒメフンバエではこの、精子が吐き出されるタイミングをメスが決定できるのだ。

受精嚢を3つも持っているヒメフンバエのメスたちは、交尾したオスの精子をそれぞれの袋に選り分けて蓄えておけるよう進化した。そして複数のオスと交尾した際、メスは確かに体の大きなオスの精子を受精に使っていた。つまり、メスは交尾中に相手オスの体サイズを評価していたわけだ。

選別の仕組みは以下のとおりだ。メスは小さなオスと交尾した時には3つの受精嚢に均等に精子を振り分けて貯蔵し、交尾したオスが大きかった時には特に体の右側にある受精嚢に精子を貯蔵する傾向があった。そして排卵のタイミングでは右側の受精嚢から精子を優先的に取り出すのである。この結果、体サイズの異なる複数のオスと交尾しても、受精卵から生まれた子供の体は大きくなる。

1990年代も後半近くになると、DNAによる判別技術が進歩したため、メスが複数のオスと交尾した時に、どのオスの精子が使われるのか正確に確認できるようになった。そこでパーカー教授の弟子たちは、交尾したメスを何匹も準備して、そのうちの何匹かには交尾の直後に30分のあいだ、二酸化炭素で麻酔をした。

二酸化炭素による麻酔はメスの体の中で精子を移送させる筋肉の動きを抑止する効果があることがわかっている。麻酔されなかったヒメフンバエのメスたちは、大きなオスと小さなオスの精子をそれぞれの受精嚢に分けて貯蔵できた。ところが麻酔をかけられたメスたちは3つの受精嚢にきちんと精子を分けて貯蔵することができなかったのだ。このクレバーな実験によって、3つの受精嚢に精子を振り分けているのは、オスではなく、メスのなせる業《わざ》であったことが科学的に証明された。2000年のことである。

血縁オスを体で識別するコオロギのメス

受精嚢の中の精子を識別する能力については、コオロギでも近年、明らかにされつつある。英国エクセター大学のコーンウォール・キャンパスでの研究だ。

このキャンパスで教授を務めるブレットマン博士らは、草地にたくさん生息し、簡単に飼うことのできるフタホシコオロギを室内で増やした。そして背中に番号をつけて草地に放し、交尾行動を観察していた。僕も訪れたことがあるが、広大なキャンパスの草地である。するとスペインの野外から採集したフタホシコオロギは、オス・メスともに何度も異なる相手と交尾をする。博士たちはフタホシコオロギのメスに複数のオスと交尾をさせて、生まれてきた子供にどちらのオスの精子が使われたのかをDNAから判別して、研究を展開した。

2009年に公表された論文によると、メスは、自分と血のつながった近縁者の精子を受精には使わないことがわかってきた。血縁のないオスと血縁オスとを続けて交尾させると、生まれてきたそれぞれの子供の割合がかなり異なり、血縁者の子供は約3割しか生まれず、7割が血縁のない父を持つ子供だった。他の昆虫では血縁オスとの交尾を避ける場合も多いが、草地で行われたフタホシコオロギの実験では、血縁オスとも容易に交尾を行う。交尾は許しておいて、交尾のあとに血縁オスの精子を排除してしまうのである。

血縁オスの精子を自身の卵に受精させないメスの子は、血縁オスの精子を受精させるメスよりも世の中に広まりやすい。なぜなら血縁個体同士の交配から生まれた子は、体が弱くなったり病気を誘発したりして、生きるための力が弱くなることが多いからだ。「近交弱勢」である。多くの生物で近親交配が避けられるのはこのためで、その仕組みは精子の排除という深部にまで及んでいたのだ。

自分の卵の受精にどのオスの精子を使うのか選んでいるのは、昆虫だけではない。ニワトリのメスも精子を識別する。

ニワトリのオスは縄張りを持ち、オス同士で互いをつつきあって順位を決めている。オスは自分の社会的順位が低い時でもメスと交尾を行うが、少ししか射精しない。そして社会的順位が高い時にはたくさんの精子をメスに射精する。ニワトリにこのような交尾のシステムが進化した裏には、メス側の巧みな操作がある。

ニワトリのメスは何羽ものオスと交尾をするが、受け取った精子をすぐに体の中に取り込まずに、生殖器の外側に取り付けておける。その精子を体内に取り込むかどうかの決定権は、メスに託されている。メスは受け取った精子の親が社会的順位の低いオスだとその精子をポイ捨てし、受精には決して使わない。そして社会的順位の高いオスと交尾した時だけその精子を生殖器の中に取り入れ、受精に使うのだ。だから社会的順位の低いオスが少量しか射精しない理由は効率にある。受精の最終決定権がメスにあるために、自分の精子をあまり受精してもらえないメスと交尾した時、オスは精子を少ししか渡さない。卵に比べれば無限に近いといえる精子も、そこはやはり有限なので、自分のステータスが上がった時に交尾したメスに多く射精するために温存しておくのだ。

恣意的な流産、「ブルース効果」

哺乳類では、メスが自分の意思で子を流産させてしまうことが知られている。これも、オスによる子殺しや病気に対して、メスが進化させた対抗策だと現在では考えられている。

サルの群れでは、ボス猿に新しいオスが挑んでボスの入れ替わりが生じた際、新しく群れのリーダーとなったオス猿が、その群れのメスが抱きかかえている自分の子ではない乳児を殺してしまうことがある。これは1965年に日本人が世界に先駆けて、インドに棲《す》むハヌマンラングールというサルで発見した現象である。

この衝撃的な報告がなされた当時は、子供を殺してしまう適応的な意義についての理解が進まず、日本発のこの報告は広く知られなかった。1983年には、ライオンでも群れを乗っ取ったオスによる子殺しが報告された。これらはすべて、オスが自分の遺伝子をより効率的に、確実に後世に残すために進化させた戦略だと今では広く理解されている。子供を殺されたメスは、その後すぐに発情期に入るため、オスは新しい群れでメスたちに自分の遺伝子を持った子供を身ごもらせることが可能になる。

オスによって仕掛けられた、メスにとってはコストとなる戦略が進化すると、性的対立が顔を出すのは当然である。オスによる子殺しに対しても、メスは対抗戦略を進化させた。それがメスの恣意的な流産である。妊娠中のメスが、他のオスの匂いを嗅いだだけで流産してしまうのだ。

ネズミなどの哺乳類で報告されている恣意的な流産は「ブルース効果」と呼ばれる。1959年に英国の動物学者であるヒルダ・ブルース博士は実験室で、妊娠中に偶然出会った新しいオスの匂いを嗅いだメスのマウスが流産してしまうことを発見した。

この現象が野外でも生じるのかについては、長いあいだ懐疑的にとらえられていたが、2012年になって、野外に暮らすゲラダヒヒでもブルース効果が見つかった。

米国のロバーツ博士らはエチオピアの国立公園で2006年から2011年の6年間にわたり、ほぼ毎日のようにゲラダヒヒの群れのメスが落とした糞を採集した。エストロゲンというホルモンのレベルを調べるためだ。すると、群れが新しいオスに乗っ取られた直後、メスのホルモンのレベルが急に低くなることがわかった。群れのメスの8割が妊娠を自ら終わらせていたことが、初めて野外でも確認されたのだ。こうすることでメスたちは、自分が生んだ子供を殺される前に自主的に流産して、体力やエネルギーのロスを防ぐという対抗手段をとっていると考えられる。新しいオスに子供を殺されるのが確実なら、自主流産して新しいオスの子供を身ごもるほうが確実に遺伝子を残せる。

研究者らは野外で群れのオスの入れ替わりとその後のメスの出産率も記録した。入れ替わりが生じたあとの7カ月から12カ月の出産率を比べたところ、オスが入れ替わった群れのメスでは、オスの入れ替えが生じなかった群れのメスに比べて、その値は倍ほども高かったのである。多くのメスが新ボスの子供を生んだわけだ。

オスとメスの利害が一致しないこのような局面で、動機はどうあれ、メスは自主的に対抗策を進化させているといえるのではないだろうか。この現象も今では性的対立の枠組みとして研究が進んでいる。

虫の前戯

昆虫のメスとオスの求愛を観察していると、オスは実にこまやかに「前戯」と呼べる行動を展開していることに気付く。

僕が研究室で飼育しているコクヌストモドキ（P19）のオスは、メスに気付くとゆっくりと近づき、しきりに触角でそれが確かにメスであることを確認する。そしてオスはメスにマウントしようとする。虫なのでもちろん、表情はうかがえないし、性的感情を伴うなにがしかの声を発するわけでもない。それでも触角を不規則に激しく動かしながらメスの背中に触れたり、なかにはフライング気味に生殖器をこんもりと少しだけ突出させてしまうオスもいたりして、その興奮した様子は確かに伝わってくる。虫だってメスに触れてしまうと、たいていのオスはこうなってしまうのだな、と、妙に納得する瞬間である。

やがてメスの上にそそくさと乗っかったオスは、腹部に隠していた随分と長い交尾器を精一杯に突出させて、挿入の機会をうかがい始める。メスはすんなりとそれを受け入れるわけではなく、しきりに歩いて逃げ回ることが多い。けれども、興奮したオスは6本の脚を使ってメスの脇腹やらおなかをマッサージするかのごとくゴシゴシと撫《な》でるのである。これは「ラビング(rubbing)」と呼ばれる求愛戦術だ。この求愛行動をこまめに、こまめに、こまめに繰り返すうちに、その気になったメスはやがてオスの挿入を受け入れることがある。

めでたく結合に至ったあとも、オスは、時々思い出したようにメスのおなかをゴシゴシゴシとラビングする。ラビング行動にどのような適応的な意味があるのかについてはまだはっきりと解明されておらず、謎である。

学部生だった頃、沖縄で観察したアシビロヘリカメムシ（P43）のオスも、メスの横に寄り添って、触角を少し振動させながらメスの体に触れ続け、おもむろに両方の前脚を持ち上げメスの背中を優しくつかんで手前に引く。それを繰り返して、そのうちメスの背中にそろりそろりと乗っかり、マウントに至る。この間もオスの触角はメスの背中を撫でるのに余念がない。この時に初めて自分の生殖器を突出させ、メスに挿入を試みようとするオスもいれば、メスに乗っかる前にすでに興奮して生殖器を突出させてしまっているオスもいた。カメムシの場合は、いったんメスが挿入を受け入れると、上位にいたオスは自分の体を180度反転させて、やがてオスとメスは尾つながりの状態になって、精子の注入の時間が訪れる。

就職して観察したミバエ（第2章で登場）のオスは、自分の縄張りである葉っぱの上に訪れたメスに少しずつ近づく。ところがメスはよくそっぽを向く。ついにメスの正面からの接近が許されると、オスは翅《はね》を震わせ始める。

この時、メスの交尾意欲が高まるキーポイントのひとつは、徐々に薄暗くなっていく夕闇の光である。このハエの交尾を観察しようと急に実験室の電気を点けたりすると、この前戯はピタっと止まる。

この時、翅の振動によって煙のようなかすかなフェロモンがメスに向かって流れ出している。翅の振動は徐々に激しくなってゆき、メスがしばらくじっとしていると、ついに僕の耳まではっきりと聞こえるようなブッ、ブッ、ブッという断続音が高まり、感極まるとブブーッという連続音に切り替わり、メスはオスのマウントを許す。室内の蛍光灯を点けてみると、やはりメスはその気がなくなってしまった。つながっていたはずのオスの性器が、メスの体から引きずり出されるように離れてしまうこともあった。オスが奏でる音楽、薄暗くなった灯《あか》り、フェロモンの匂いという、3つの要素すべてが整って初めてメスのその気が高まるという、とてもデリケートな問題なのだ。

心地よい音楽とちょうどいい薄明りとほんのりとした匂いのなかで行われる、おごそかな前戯とセックス。早く自分が気持ちよくなりたいからと、すぐに性器の挿入に持ち込むなどという荒業は、たとえ虫であっても行わないのだ。

セックスはまさに貝合わせのようなものであって、合うセックスと合わないセックスがある。合うセックスをした時には、その欲情のタイミングこそが、とても重要になってくる。精子を受精のために取り込むためには、女性に潤いが必要だ。自然と潤いが生じる時には、受け入れてもいいというひとつのサインだろう。もちろん排卵の周期とも深くかかわっている。そしてピストン運動が始まる。何度もピストン運動が繰り返され、刺激が昂《こう》じてくるとやがてオルガスムが訪れる。

……オルガスムは、実は精子を選別するメスの戦略だという科学的な説がある。

オルガスムの進化的意義

1993年にマンチェスター大学のロビン・ベイカー博士とマーク・ベリス博士が公表した論文によれば、オルガスムに達しないセックスでは、女性は精子を体液と一緒に排出することが明らかにされている。逆にオルガスムを迎えた瞬間には、精子の逆流が著しく少なくなる。

ということはオルガスムと同時に射精できれば、受精の確率は高まるはずだ。つまりオルガスムのタイミングこそが、適応的には重要だと考えられるのだ。

博士らは、このオルガスムの特性を利用して女性は特定の男性の精子を選択できる可能性があると述べている。これによって、相手次第で受精の確率が変わることが科学的に実証できれば、ヒトのオルガスムはまさに性選択の儀式の一部だといえる。

では複数の精子が体内に入った場合はどうだろうか？　昆虫のように精子を貯める袋を持たないヒトの女性でも、精子の選択が生じることがあるのだろうか？

膣《ちつ》に入った精子細胞の寿命は2～4日であり、先述したようにニューヨーク州立大学のアンケート調査では、13・4％の女子学生が「24時間以内に2人以上の男性とセックスを経験したことがある」（P118）と答えたことからすると、精子競争がヒトでも生じる可能性は十分にあると考えられる。

言い換えると、オルガスムこそ先に登場したエバーハード博士が提唱した、「隠れてメスが選ぶことによる性選択」（P134）だといえる。この説によれば、好みの男性の精子ならばより受精に有利なように、女性が精子をリードしていることになる。

オルガスムがなぜ進化したのかについては他にも学説がある。2016年"Journal of

Experimental Zoology Part B" 誌に公表されたオルガスムの起源について論じた論文では、先に紹介した「女性による精子の選別」説の他にもうひとつ有力な説があり、このふたつの仮説が今なお論争中とのことだ。

もうひとつの有力な説とは、オルガスムが男性の射精の副産物として進化したというものだ。男性はＤＮＡを子孫に残すために射精をする必然性がある。思いきりよくこの行為ができない男性は、古来淘汰《とうた》されてきたはずだ。そして娘は、淘汰されなかった父親の性質を受け継いでいる。もし女性のオルガスムが男性の射精と同じシステムで起きるとしたら、オルガスムは射精の副産物として進化したという説だ。

戦《いくさ》に優れたマッチョな甲虫のオスから生まれる娘が生める卵の数が少ないのと同じように、ヒトの場合、あまりにも勢いよく射精してしまう男性の家系では、激しくオルガスムに達しやすい女性が進化するのかもしれない。この場合は、射精とオルガスムは男と女の性質が遺伝的に結び付いていたために（Ｐ１６１に登場する「遺伝相関仮説」である）、たまたま現在にも残っているという理屈が成り立つ。

では、なぜ昆虫のメスは複数の異なるオスと交尾をするのか、について考えてみたい。精子を蓄えておける多くの昆虫では、メスは一度だけ交尾をすれば、生涯、自分の卵を受精させることが可能なのだ。

「昆虫のメスがなぜ複数のオスと交尾をするのか?」という疑問は、昔から多くの昆虫学者を悩ませてきた問題であり、しかも現在に至るまではっきりとした解答が得られていないミステリーのひとつである。オスは交尾相手が増えるほど、比例して残せる自分の子供の数が増えるのに、メスは交尾相手が1匹のオスであれ複数のオスであれ子供の数は変わらないため、生まれてくる子供の数だけを考えれば、メスにとって複数のオスと交尾をするメリットはない。先に述べたベイトマンの原理である。僕たちはアズキゾウムシでこの問題に挑んでみた。

アズキゾウムシにも見えた個性

先にも述べたように、僕が岡山大学に赴任したのは2000年の10月1日だった。多くの書籍とアズキゾウムシを入れたプラスチック容器、自転車を引っ越し業者のトラックに乗せて、単身、沖縄から岡山に着任した。

日本から根絶されたミバエは、沖縄以外で研究することはできない。そこで新しく研究対象に選んだ昆虫として、これまで述べてきたコクヌストモドキ類の他に、アズキゾウムシという甲虫がいた。放置しておいたアズキの豆に、小さな穴がたくさんあいて、豆の中に2・5㎜ほどの虫がわいているのを見た経験は皆さんにはないだろうか？それがアズキゾウムシである【イラスト⑥】。

野山に植えられたアズキは夏から秋にかけて黄色い花を咲かせる。この花の色にメスの成虫が引き寄せられる。貯蔵していた豆にメスが飛んでくることもある。メスは豆に卵を生み、幼虫は豆の中で育ち繁殖する。

1999年に知り合いの先生から沖縄産のアズキゾウムシがほしいと言われた僕は、出張に行った折に石垣島で採集されたアズキゾウムシを譲り受けて、ミバエ工場の実験室の片隅で試しにペット代わりに飼っていたのだった。

イラスト⑥

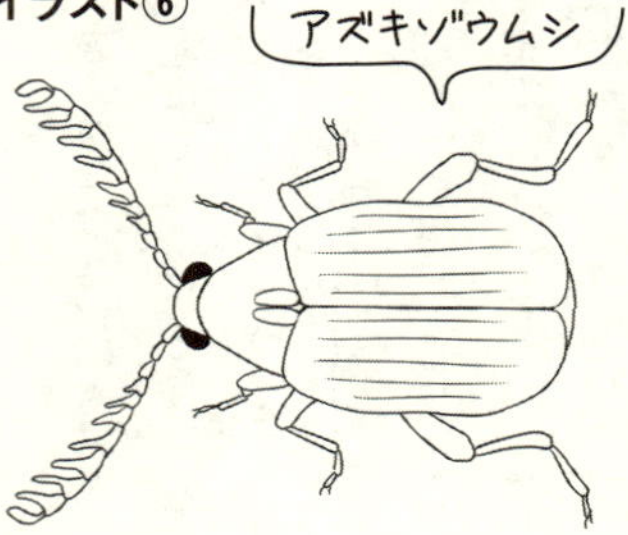

プラスチックシャーレにこの虫とアズキ豆を入れておく。すると豆を見つけたメスは、チューブから出てくるホイップクリームのような白い粘液をお尻からニュウーと押し出すのだ。そしてムンッとお尻の穴をすぼめると粘液は切れて丸い塊となり、豆さやの表面にくっつけられる。これが産卵だ。この行動は意外に面白くて、僕は何度もその様子を観察してしまった。

卵から孵化《ふか》した幼虫は、さやから豆の中に潜り込んで、豆の中身を食い進みながら成長する。

この虫は、なんとアズキ豆を与えるだけで何世代も飼い続けることができるため、1950年代頃から「個体群生態学」の実験対象として、あちこちの大学や研究所で頻繁に使われてきた。僕に沖縄産のアズキゾウムシを所望した先生も、このジャンルの専門家だった。

ある条件下で虫の数が増えたり、減ったりする過程を科学的に解明する個体群生態学は、害虫が野外で時として大発生する仕組みを解き明かすために発展した。生態学のなかでも古くからある学問分野である。

生物の数を数えることは人間が生きていくうえでもいろいろと大事だ。野外に生息するシカやネズミや害虫、海に棲むサンマの数がどのように変動するのか、というテーマは「個体群動態」とか「個体群ダイナミクス」と呼ばれ、野生生物の個体数を管理する目的や、害虫の個体数を減らして農作物の被害を一定レベルに抑えるといった目的、資源としての漁獲量を一定に制御するという目的のために、特に日本において古くから研究が盛んな分野だった。

しかし生物の数の変動のみを直接、観察するという過程には、個体ごとの個性や進化という要素が入ってこないことが多い。僕の興味の中心は、ある種類の生物に見ることのできる個体変異、つまり個性にあった。ある生物の形質にばらつきがあり、生き残るために適した形質が個体の子孫に遺伝することによって進化が生じるからだ。そして生物が個体ごとに持つ個性が、どのように集団レベルの個体群やたくさんの生物種で構成される生物種コミュニティー（群集）とかかわるのか、という視点にも興味があった。

一方、それまでのアズキゾウムシの研究では、すべてのゾウムシは単にその数を数えるために存在しているのであって、1匹2匹と数えられるゾウムシの個性について関心は払われていなかった。つまり10匹のアズキゾウムシは10匹のアズキゾウムシであって、それ以上でもそれ以下でもない。体サイズが大きいとか小さいとか、早く発育するとか遅く発育するとか、メスと出会うとすぐにマウントするせっかちなオスだとか、マウントしたオスを後ろ脚で蹴る回数が多いメスだとか、そういった個性についてはなんの関心も持たれてこなかった。ところがアズキゾウムシであれ、カブトムシであれ、虫をよく見てみれば、個体ごとにそのような個性を必ず持っているものだ。そこで僕は大学の教員に転職するにあたり、他の虫と並んでアズキゾウムシの個性についても研究することにした。

アズキゾウムシは貞淑ではない

2000年当時まで、アズキゾウムシのメスは生涯1回しか交尾しないというのがアズキゾウムシ研究者の常識であった。もちろん産卵前に交尾する。ところがアズキゾウムシのメス1

匹を2匹のオスと一緒に小さなビンに入れておくと、交尾にあぶれたオスが交尾ペアを引き離そうとせっせと邪魔をする様子を、僕は飼い始めてすぐに見てしまった。あれ、矛盾してないか?

バージンでないメスにちょっかいを出して、オスに何かメリットはあるのだろうか? メリットがなければそんなふうにオスの行動は進化しないはずだという疑問が、僕のなかでのアズキゾウムシ研究の起点となった。そこで、アズキゾウムシのメスが複数のオスと交尾するなら、それはもしかしたらオスにとって利益があるだけではなく、メスにも利益があるのではないか、という着想から研究はスタートしたのである。

まず、研究室で初めて受け持った学部生に、アズキゾウムシのメスが本当に複数のオスと交尾するのかどうかを確かめるという研究テーマを与えた。この時、学部生に勧めたのは、複数のアズキゾウムシの集団を対象とすることだった。ひとつは1936年以来、京都大学に始まっていろんな大学の実験室で世代を経て現在まで飼いつながれてきた集団である(そんな歴史のある系統がアズキゾウムシには存在するのだ)。もうひとつは石垣島で分けてもらった例の集団で、沖縄から岡山への引っ越し荷物の中にあったものだ。

卒業研究は、一度オスと交尾をさせたメスを別のオスとシャーレの中に同居させて、再びメスは交尾するのかを観察するというものだった。

　すると野外で採集した集団は8割程度の既交尾メスが、新しいオスと再び交尾をした。この発見だけでも、それまでのアズキゾウムシ研究界の常識をひっくり返す大発見なのであるが、学部生は、60年以上も累代飼育された集団では、既交尾メスの1割程度しか異なるオスと再び交尾をしなかったことまで確認した。この事実はさっそく"Journal of Insect Physiology"誌に投稿され、２００４年に公表された。

　この結果は、単体の成果発表だけでは終わらない、新しい展開を予感させるとてもわくわくする発見だった。

　アズキゾウムシ研究者以外、誰も関心はないと思うけれど、まずアズキゾウムシのメスが複数のオスと交尾をする、という事実自体がなんといっても世界で初めての発見である。そして1回交尾と思われていたメスたちのなかに、実は複数のオスと交尾するメスと、言い伝えどおりに1回しか交尾しないメスの双方が混在しているのだった。僕から見ても皆同じ顔をしているように見え、表情もないアズキゾウムシという虫に、貞淑性と浮気性という違う個性を持つものたちが混在していたのだ。

　そして複数のオスと交尾をするか、しないのかという意思の決定がメスにゆだねられていて、この決定の基準にも個体によってばらつきが存在することも発見した。オスの、交尾したいという願いは、メスの基準によっていとも簡単に却下される。カギはメスにあった。もしこの決定基準が遺伝するならば、メスが複数のオスと交尾するかしないかについては、メスの個性として進化しうる可能性がある。

この発見に大いに興味を抱いた研究者がいた。動物の行動研究において第一線で活躍していた九州大学の粕谷《かすや》英一博士である。博士は当時、生物の再交尾頻度の進化について理論的な研究を行っていた香川大学の安井行雄博士と僕に声をかけてくれて、共同で科研費を申請した。その結果、２００４年から２００６年にかけて、「メスが複数回交尾するのはなぜか」というド直球な名前の付いた科研費プロジェクトが文部科学省によって採択され、アズキゾウムシを使って様々な実験を展開することになったのである。

複数回交尾をめぐる共同研究

理論的な研究は安井博士が担当し、実験は岡山大学で担当した。当時の研究室に在籍した院生が、「メスが再交尾する頻度について」と「地理的変異や遺伝的変異があるのか」の実証、そして「メスが再交尾をするのか、しないのかの判断基準」を人為選択実験によって操作してみる実験を担当することとなった。

まず当時、日本の各地で飼育されていた系統や、知り合いの昆虫学者にアズキ豆からわいた虫を分けてもらえないか頼んだり、夏から秋になると岡山の県北にあるアズキ栽培農家に出向いて、黄色いアズキの花に誘引されてくる成虫を採集したりして、国内外の10カ所からアズキゾウムシを集めてきた。

これらのすべての集団で、交尾させたメスをそれぞれ50匹以上も準備し、再交尾するか、またその頻度を観察した。すると再交尾したメスの割合は、集団によって0％から38・5％と大きくばらついていた。

初めて交尾したあと5日目までの交尾率を調べてみると、最もよく再交尾した集団では約40％のメスが再び交尾したが、交尾しにくい集団では、再交尾したメスは10％にも満たなかった。ちなみに石垣島で採集したメスの再交尾頻度も40％に近く、60年以上も室内で飼い続けた系統は10％前後だった。また初めて交尾した日の翌日の再交尾頻度になると、交尾しにくい集団のメスはなんと0％、交尾しやすい集団では約20％だった。

さらに、よく再交尾する集団のメス・オスと、ほとんど再交尾をしない集団のメス・オスを交配させて、それから得た子供の再交尾頻度を調べてみた。再交尾するメスとしないオスから生まれた娘の再交尾頻度は高く、逆に再交尾しないメスとするオスから生まれた娘の再交尾頻度は低かった。これは再交尾というメスの性質には「顕性（遺伝学の専門用語で、以前は優性と呼んでいた）がある」ことを示す。再交尾するかしないかのメスの基準は遺伝する性質であったといえるわけだ。形質に遺伝性があることがわかった以上、これは先のコクヌストモドキのように、人為的に操作して、その遺伝性を伸ばすことができると期待できた。

交尾頻度を育種する

院生は豆から羽化してきた50匹のメスを1匹ずつ、高さ4・4㎝、直径1・7㎝の小さなバイアルビン（キャップでフタができる筒状のビン）にオスとともに同居させ、1時間交尾を観察した。これを50回も繰り返すのだから大変な実験である。

このうち何匹かのメスは交尾をした。交尾をしたメスたちは、その数日後に別の集団のオスを同居させた。そこで再交尾したメスたちはやはり1匹ずつのペアにして、数日後に再々交尾を観察した。こうしてオスと2回あるいは3回交尾したメスたちの集団と、オスと同居させても再び交尾をしないメスの集団をそれぞれ繁殖させる。複数のオスと交尾をするメス集団（乱婚系統）と、1回交尾のメス集団（単婚系統）をつくるため、この人為選抜を15世代以上ものあいだ続けた。

そうすると、選抜を開始して5世代目を経過したあたりから、メスが再交尾をする基準は、単婚系統と乱婚系統で鮮明に分かれ始めた。乱婚系統のメスでは5割から10割が初めての交尾より5日以内に再交尾したのに対し、単婚系統ではいつまで経《た》っても1割から2割のメスしか再交尾しなかった。この結果から、メスがなぜ複数回オスと交尾するのか、という命題を解くことができるのだろうか？

自分の遺伝子を後世に残すために、メスはオスと1回は交尾して自分の卵を受精させなければならない。そのため1回目の交尾は必須であるが、メスが複数のオスと交尾をしなければならない理由はないように思える。

むしろ、余計に交尾をするのは、メスにとって多くの不利益がある。まずオスにマウントされているメスは自由に動けないため、交尾中に敵に襲われるリスクが高くなる。病気に感染しているオスもいるため、交尾を介して病気がうつる危険も大きい。性的に興奮したオスは執拗《しつよう》にメスを追い回すために、メスがゆっくり産卵に費やす時間も奪われる。こんなにも不利益が多いのに、なぜある一定数のメスたちは複数のオスと交尾するのだろうか？

直接利益と間接利益

その理由として生物学者たちは、たくさんの仮説を提唱してきた。大きく分けると、メスが複数のオスと交尾をする利益としては、直接的な利益と間接的な利益が挙げられる。

直接的な利益としては、交尾によってオスから栄養を補給することができるという説や、精子補充による利益説、そして執拗に交尾を迫るオスのハラスメントを回避するのが不利益になるため、むしろ交尾を受け入れると不利益が少ないという説まである。

アズキゾウムシでは、交尾の時にオスが直接、メスに栄養を送るという事実は報告されていない。しかしコオロギなどでは栄養の豊富な精包（栄養と精子の詰まった袋）を交尾の時にオスがメスに受け渡すので、子供の栄養になる交尾はメスにとっても大歓迎である。このような交尾は、メスにとって食べるものが少ない貧栄養の環境に暮らす生物でよく進化しているシステムだ。

精子補充もアズキゾウムシの場合には当てはまらない。なぜならこの虫のメスは精子を貯めておける袋を持つため、1回オスの交尾を受け入れれば、一生その精子で自分の卵を受精することができるからである。

ハラスメント回避による不利益を避けるために交尾を受け入れるという説は、アズキゾウムシの場合にはありそうだ。というのも、アズキゾウムシのオスは執拗にメスを追いかけるため、メスが交尾を拒んで逃げるなら、かなりの時間をハラスメント回避にあてなければならない。オスと同居させたアズキゾウムシのメスは、オスから逃げるのに精一杯で、産卵に費やす時間が少なくなってしまい、アズキ豆に生む卵自体の数が減ってしまう。

一方、間接的な利益としては複数のオスの遺伝子を子供に受け継がせることができるため、子供の遺伝的多様性が上がるという説がある。子供の代には環境がどのように変動しているかわからない場合、子供に多様性を持たせて「ベットヘッジング＝両賭戦略」を行ったメスのほうが、結果的に多くの自分の遺伝子を次の子供の世代に残すことができる、とするものだ。

この仮説は栄養など直接的な利益が実証できない時、残された可能性の高い仮説として、間接的利益が重要なのだろう、といった文脈で使われることが多い。しかし実際には、子供に遺伝的多様性があったほうが（より適応的な性質として）進化の過程で生き残るのに有利なのか否かを検証した実験の結果は、それを肯定するものだったり、否定するものだったりで、いまだ定かではない。理由としては、そのような実験が往々にして室内で行われていることが大きい。子供に遺伝的多様性を持たせる性質が有利だとたとえ室内で実証されても、環境が変動する野外では子供の世代に想定外の事態がよく生じてしまうため、そこまでを追いかける研究は困難なのだ。

もうひとつ、検討すべき説がある。「遺伝相関」だ。複数のオスと交尾するアズキゾウムシのメスは、「複数のメスと交尾するオスの娘」としてその特徴を受け継いでいるだけかもしれない。僕たちはメスが複数のオスと交尾する系統と、1匹のオスとしか交尾しない系統、それぞれから生まれるオスの交尾頻度に注目してみた。メスが複数のオスと交尾する系統では、交尾しやすいという性質がオスにも伝わった結果、オスもよく交尾することになるはずだ。しかし、ふたつの系統でオスが交尾する頻度には差がなかったため、この「遺伝相関仮説」は支持されなかった。

では再び、なぜメスは複数のオスと交尾をするのだろうか？　今のところ、最も妥当だと考えられる仮説は、保険として別のオスと交尾をするという「保険説」だ。

これは虫に限ったことではないが、オスのなかには、たまに不妊のオスが存在する。交尾したオスが種なしなのかどうかは、卵の孵化を見定めるまでわからない。それならば、せめて2匹くらいのオスと交尾しておくべきである。つまり保険としての再交尾である。

オスの射精を操るメス

アズキゾウムシでは、さらに驚くべき発見が待っていた。この発見によって僕たちは「メスの競争扇動説」とでも呼びたくなるような新解釈のヒントをつかんだのである。

アズキゾウムシの幼虫は、豆という閉じた空間で育つ。母親が、豆に1個の卵を生んだ時は、自分のライバルとなる他個体は豆の中に存在しない。ところが複数のメスが同じ豆に卵を生むこともあり、1個の豆に複数の卵が生み付けられた時には、幼虫は卵から孵《かえ》るとすぐにライバルの存在に気が付いてしまう。そのような豆で育ったオスは、ライバルとなる他のオスとの闘いに備えておく性質を持つだろうから、成虫として豆から脱出した時には、メスをめぐる競争でより子孫を残しやすいはずだ。

メスの体内にある受精囊をせっせと解剖しては、その中に入っている精子の数を数えた院生がいた。アズキ豆に生み付けられたアズキゾウムシの卵をナイフで削り取り、1個の卵だけ残した豆と5個の卵を残した豆をたくさん準備して、その豆から育った成虫のオスをメスと交尾させた時、どちらが多くの精子を射精しているかをその院生は比べたのだ。

予想どおり、自分以外の4匹のアズキゾウムシと一緒に幼虫時代を過ごしたオスは、ライバル不在で過ごしたオスと比べ射精した精子の数が多かった。面白いのは、アズキゾウムシの集団によって「群居オス」対「独居オス」の射精量の比率が異なることだった。

野外から採集してきた集団のなかには、メスの乱婚性の程度が異なるものがいることは先ほど述べた（P154）。院生はそこで貞節性の異なる6個の集団を選び、ライバルとともに育ったオスと1匹で育ったオスが1回の交尾で射精した精子数を調べ上げてその比を出したのだ。するとメスの乱婚度合いが激しい集団ほど、独居オスに対して群居オスの射精量の比が高いという驚くべき結果が得られたのだ。

これによる利益はいろいろと考えられる。子供の質を分散させて、将来、起こりうるリスクに対応できるように、いろいろな遺伝的ばらつきをもった子供を確保しておくのもそのひとつだ。なんといっても子供や孫が育つことになる環境の予測は難しい。あるいはアズキゾウムシでも、メスは品質のよいオスの精子を体内で隠れて選んでいるのかもしれない。この謎解きもまだ未解決であり、これからの研究の進展が期待できる。

まとめると、オスはライバルの数を判断して射精量を増やす。その傾向は乱婚系統の集団でより強く見られる。乱婚系統の集団では、オスはライバルがいるとたくさんの精子を射精する。幼虫の時に同じアズキ豆の中でライバルオスとともに育ったアズキゾウムシのオスは、さらに多くの精子を射精する。オス同士で生じるこの精子競争は、実はより競争に強いオスの精子をメスに選ぶ機会を与えている可能性がある——ということになる。研究の進展が楽しみだ。

第6章　愛はタイミングで決まる

SNSから始まった群飛の研究

オスがいくらメスに射精したところで、肝心な卵との受精を決める最終決定権は多くの生物でメスにある、という事実を前章では説明してきた。

では、メスはどのような基準に従って自分の卵の父となるオスを選ぶのだろうか。メスが体内でどの精子を選んでいるのかという仕組みが解明されている生物は少ないけれど、「メスは概してどのようなオスと交尾しやすいのか」という問いにはある程度、答えられそうだ。いうならば「タイミングのいいオス」。僕たちのカゲロウ研究からわかってきた答えである。

僕はこの数年、岡山市内を流れる美しい一級河川である旭川の川辺で群飛（専門用語でスウォームという）するモンカゲロウの観察に夢中になっている【イラスト⑦】。

群れて飛ぶカゲロウたちはオスだ。草むらで休んでいたメスは薄暮時に舞い上がる。草むらから舞い上がるメスと交尾するために、オス同士は群れながらメスと交尾できるいいポジションをめぐって争う。この虫ほどセックスのタイミングが重要となる昆虫はいないだろう。

高校生の頃に高槻市《たかつき》（大阪）の山間《やまあい》を流れる川辺で水生昆虫の観察に明け暮れていた僕は、カゲロウの幼虫がおよそ1年もの期間を川で過ごしたのち初夏に羽化し、成虫たちは一日のうちに飛んで交尾をして死んでしまうことを学んでいた。
カゲロウの生き方は高校生の僕に不思議な感慨をもたらした。1年ものあいだ交尾のためだけに成長して、一日のうちに死んでしまう一生とは。人生も案外、儚《はかな》いものかもしれない。好きなことをして生きなくてなんとするのだ、と。ところが一介の教授となって、カゲロウの成虫が群れて飛ぶ様子を観察していると、羽化したあとにこそ彼らのすごいドラマが隠されていることがわかってきた。

当時、岡山大学で管理職に就き、業務に少し疲れた僕はよく夕方に自転車に乗って、大学の近くを流れている旭川の土手をサイクリングしていた。自転車を止めてふと川辺に生えているオニグルミの樹々《きぎ》を眺めると、葉っぱの一枚一枚に体長3㎝くらいのたくさんの翅虫《はねむし》が止まって休んでいた。これはカゲロウの成虫に違いない。

なかなか格好のいいカゲロウだったので手持ちのデジカ

イラスト⑦

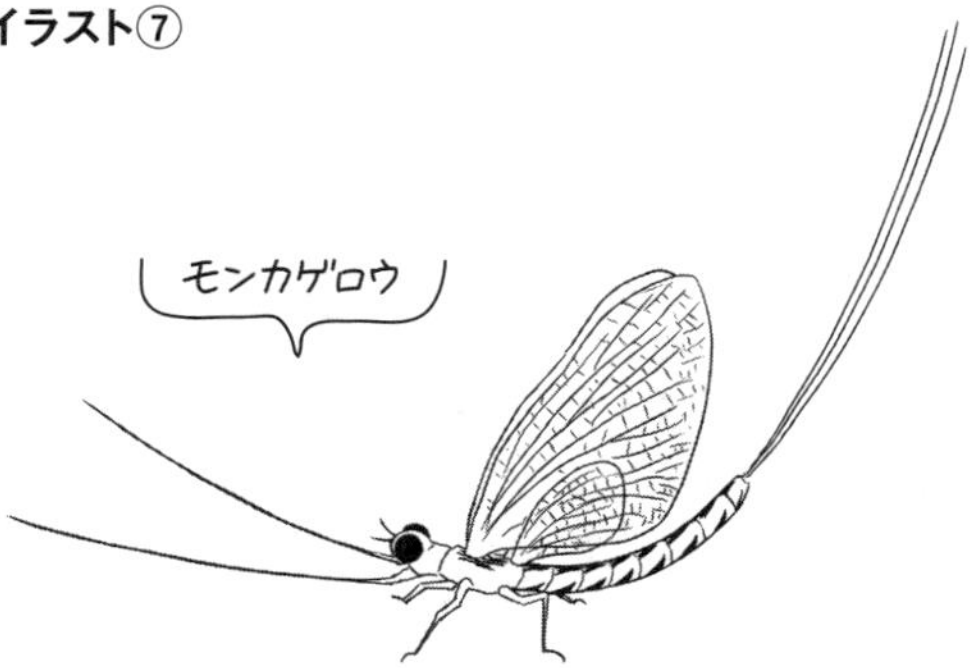

写真14　筆者がフェイスブックにアップしたカゲロウの写真

メで撮影した。撮影した画像をパソコンで見て驚いた。頭の近くからまっすぐ前方にピンッと伸びた、てっきり触角だと思っていたものが実は触角ではなく、よく見ると前脚だったのだ【写真14】。2015年5月6日のことで、僕はさっそく、この写真をフェイスブックのウォールに記事とともにアップした。

「今日は、近所の川に行って個人的な生き物の調査をしてきました。5月ということで、たくさんのメイフライ（筆者注：カゲロウ）が羽化していました。黒くて、とっても長～い前脚が気になります」

という見出し文章を添えて。すると何人かの昆虫学者の友達から「これ脚なんですね」、「前脚だったんですね！」、「えー!?　触角だと思いました。すごい」などのコメントが寄せられた。川虫専門の分子分類学者は「モンカゲロウじゃないですかね」と早々に種名まで教えてくれた。

そしてフェイスブック上ではその日のうちに、「この長い前脚はなんのために使うのだろうか？」が話題になった。

翌日、再び川辺に出かけてよく見てみると、メスはどう見ても短い前脚しか持っていない。メスとオスでこんなに形が違う器官は、そう、性選択の産物と考えるのが妥当である。するとフェイスブックに再び、当時米国在住だった中野亮博士から「♀をホールドする♂だけのようです。見たことないので真偽は……？」、「メス上位で下からのホールドのようです。生《ナマ》でみてみたい」とのコメントをもらった。彼は昆虫の交尾研究の専門家である。

このコメントが僕の心に火をつけた。そうか、知り合いの昆虫学者たちもカゲロウの交尾は見たことないのか。

火をつけた友達のコメント

僕は昆虫の行動研究を生業《なりわい》としているため、昆虫や動物行動のいろんな情報を持ってはいるが、むろん野外で見かける昆虫の行動のすべてを理解できるわけではない。昆虫の種類は大変多いので、わからない行動のほうが圧倒的に多い。その行動が虫にとってどのような意味を持つのかわからないのだ。はたして、その行動は僕だけが知らないものなのか、それとも世界の誰もが知らないものなのか？　それを調べることが研究のタネ、つまり始点になる。

研究者のなかには、先に行動を観察するのではなく、過去に発表された文献を読んで、「この問題はまだ解き明かされていないのか」と、そこから研究をスタートさせるタイプの人もいる。

しかし僕は、そうではないことのほうが多い。虫を見て、その行動をひたすら観察する。できる限り野外で観察する。そしてその行動がどんな時に生じるのか確かめる。そして、これまでにそんな行動を見聞きしたことがあるか、自身の記憶を探ってみる。少しでも思い当たる記憶のある時には、手当たり次第に、過去の学会での発表や、専門の学術誌の論文を探る。今はインターネットが普及し、誰でも情報（投稿動画などを含む）に触れることができるため、検索も以前に比べれば簡単だ（ここで大事なのは、その投稿が一次情報であるか否かである）。この段階で、すでに世界の誰かが調べていることであれば「勉強させていただきました」で終わる。なかには「その行動はすでに、ある生物では知られていたが、この昆虫では知られていなかった」という結論に行き着くこともある。生物の行動研究の場合、たいていの発見はこの範疇《はんちゅう》に収まる。

もし、誰も見たこともなく記録もされていない行動のようだ、とわかれば、たとえそれがどんな小さな発見であっても、人類の誰もが知らない謎に挑戦できるチャンスを得たことになる。これこそが研究者としての醍醐味《だいごみ》だと、僕は思う。そしてその謎を解き、他の専門家に紹介し、英語で論文を発表し、世界に向けて情報を発信する。

様々な努力の数々——過去の文献記録を調べる。データを集めるための地道な努力をする。自分の得たデータを解析するための手法を勉強する。公表するためのスキルを習得する——そのすべてが、新発見の報告のために存在する。

余談になるが、僕が学生だった頃は、このような情報を得るためには大学教授の研究室や図書館を自分の足で訪ね回るしかなかった。特に沖縄のような地域で研究していると、本土への出張があるついでに大きな大学の図書館や研究室にお邪魔させてもらい、文献探しを丸一日行うのが必須であった。事前に手紙などで連絡を取ってからうかがうのだ。時間のかかる大変な作業だったが、その分、入手した情報はとても大切なものに思えた。デスクの上のパソコンからすべての情報を得ることができるようになった今、大学の研究室に、貴重な文献を入手するという役割は、ほとんど求められなくなって久しい。

モンカゲロウのスウォーム

大学の存在意義とは何か？についての議論は偉い人々に任せておくとして、カゲロウの話だ。

僕はその年のゴールデンウィークとその後一週間ほど毎日、夕方から夜までの時間を川辺の土手でカゲロウのスウォームを見て過ごした。日中、モンカゲロウは川辺の樹々や草むらに止まって休んでいる。日没1時間前頃に、オニグルミの樹や草むらの葉っぱで休んでいたオスのカゲロウたちは、空に向かって飛び始める。次第に空中へ集まってきたカゲロウのオスたちは、やがて群れをつくって空を飛ぶ。群れの高さは低いところで2ｍほど、高いところでは10ｍほどもあるだろうか。この群れの中でオスたちは、時折互いの体を接触させながら、低いポジションを目指して争っているようだ。そのため群れ全体が上から下へと突然ムーブしたり、また上方に戻ったりと上下運動を繰り返す。

なぜ群れのオスたちは、競いあって下を目指すのか？　その答えはメスにあった。

群れが形成されて数十分ほど経過したあたりから、それまで草むらに止まっていたメスたちが少しずつフワッと飛翔し始める。群れて飛んでいるオスたちのお目当ては、まさに今、空に舞い上がろうとするメスなのだ。そのメスを見つけて上空からアタックすることにオスたちはすべてを懸けている。オスは、自分より下の位置から浮き上がってくるメスをいかに早く見つけるか、そして上空や左右にいる他のライバルオスをいかに出し抜き、恋路の邪魔をさせないかに全力を捧《ささ》げているのだ。

その証拠は目の大きさに現れる。モンカゲロウのオスはメスに比べて、2倍近くも大きな目を持っているのだ。まさに交尾せんとするペアを観察すると、1匹のメスに対して2匹から3匹のオスが、メスの下のポジションに入り込もうと揉みあって飛翔していることがわかる。上下左右を見渡して、特に上空から襲いかかるライバルオスたちとの空中戦を勝ち抜き、メスとうまく交尾するために、オスたちのこの大きな目は進化したに違いない。そのようなよく見える目を持ったオスだけが子孫を残せて生き残ってきたのだろう。

さて、交尾せんと上空の群れから急降下してきたオスは、ふらふらと草むらから舞い上がったメスを見つけると、メスの下の空間へ瞬時に入り込む。ライバルオスの猛アタックも振りきって、やがてその長い前脚を前方にピンッと突き出してメスの胸の下にそっと忍ばせ、メスの体を抱くように支える。

前脚の符節（いちばん先）だけを90度、直角に折り曲げて、メスの体を支える。そして胸を横から把握して互いの体を合わせる。抱きかかえるさまは、まるでお姫さま抱っこをしている

写真15　前脚でメス（左）を支えて交尾するモンカゲロウのオス（右）

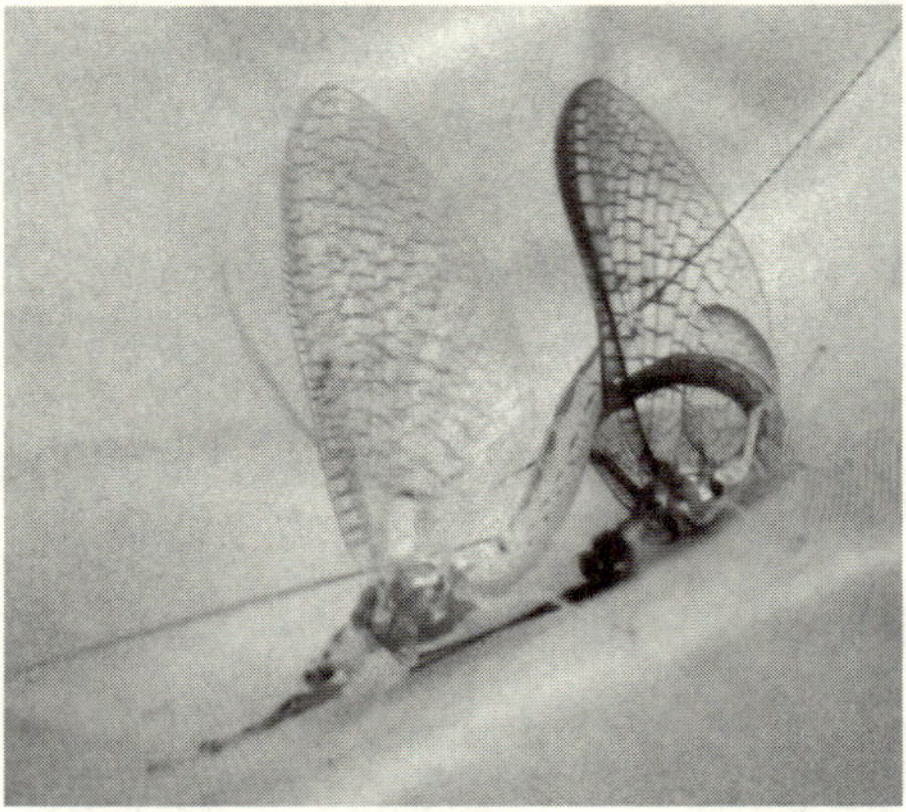

かのようだ。そのようなカップルを網で捕まえてみると、オスは自分の腹部（お尻）をねじり曲げて、メスの腹部の先端にある交尾器に合わせて交わりを遂げているのがわかった【写真15】。この時カゲロウたちのスウォームは上空から僕たちの目の高さまで、群れ全体が上に行ったり、下降したりの上下運動を繰り返す。多くのカゲロウが飛翔する日には、さながら空一面に粉雪が上に下にと舞っているような錯覚にとらわれて、土手下から見上げた夕焼け空に幻想的な世界が広がるのである。

そんなふうに空を見上げて、カゲロウのカップルの飛翔を追い続けていると、そのカップルめがけて他のオスたちが猛追してくることがある。そしてすでに交わったオスとメスの間に入り、長い前脚を使って邪魔をしようと試みる。多い時にはひとつのカップルに3匹のオスが後ろからまとわりついて、カップルを引きはがそうと必死である。他のオスの猛追を避けようと、オスはメスを草むらに緊急着陸させる。逃げきって草の上に止まったカップルは、他のオスから邪魔されることなく、交尾を完遂するのだ【写真16】。

写真16　他のオスを引き離して草むらに下りた交尾ペア

観察仲間が増える

最初は僕ひとりで観察していたのだが、研究室に戻って「こんな面白いことがあるんだ」と院生たちに打ち明けると、「僕も見てみたい」とすぐに仲間ができ、それからは3～4人でカゲロウの観察のため毎夕、川辺に出かけた。カゲロウのスウォームが終了するのは、日没である。観察が終わるとあたりが真っ暗になる。川土手から引き揚げた僕たちは、土手下にある旨《うま》い地ビールを飲ませてくれる酒造屋に立ち寄るのが常だった。幻想的なカゲロウたちの舞いを緻密に観察したあとの、1杯の地ビールがどれだけ美味《おい》しいことか、文字ではお伝えできないのが残念でならない。

2015年5月10日、僕はモンカゲロウが交尾している瞬間の写真を、フェイスブックに再びアップした。

その時に添えた文章は、

「モンカゲロウのオス、長ーい前脚のワケ。2015年5月10日。交尾の証拠写真をゲット！『なかのさん』のコメントどおりに、オスは下から前脚の符節をクイッと上にあげてメスの胸部をしっかりとホールドしていました（5日間、試行錯誤&通い詰めて観察した末にやっと）。配偶システムもかなりわかりました」

である。皆さんからは、「撮影するとはさすが」、「まさか交尾の姿を見られるとは」などとコメントをいただいた。このようなフェイスブック上のやり取りは、正直にいってモチベーションを上げるのにたいそう役に立った。とてもありがたいと思っている。

やがて5月の半ばになると、カゲロウのスウォームは見られなくなった。だから来年はもっとしっかりと調べようと院生たちに約束して、2015年の観察は終了となった。

次シーズンのスウォームをもう少しきちんと観察するために、仲間になった院生たちと作戦を練った。まず、どんな日にスウォームするオスの数が多いのかを確かめたい。そこで、観察場所の温度、湿度、照度、風速を一度に測れるデータロガー（記録計）を購入した。次に院生たちと、観察の役割分担を決めた。観察は18時から2分おきに行う。ひとりがデータロガーで環境を計測する。あと3人が少し離れた違うところに立って、違う群れのカゲロウの数を数える。

でも、どうやって？

高さ2mから10mの範囲を上下運動しながら飛翔しているカゲロウをどうやって数えるのか。ここで僕は、ある雑なアイデアを出した。コンビニで売っているピクニック用の紙皿のへこんだ部分（直径約10㎝）を切り抜いて円形の縁だけを残す。これを顔から約20㎝離して、この円の中に見えたカゲロウの数をおおまかにカウントするのだ【写真17】。こんなアバウトなやり方で大丈夫なのだろうか？と思う人も多いだろうが、これでどれく

写真17　紙皿の穴越しにカゲロウをカウントする学生

らいの数のカゲロウがどれくらい飛翔したか、その発生消長（いつ、どれだけカゲロウが飛翔するのか）を記録できたのである。

交尾への道

カゲロウは夕方の決まった時刻に群れて飛ぶ。僕たちは18時に土手にスタンバイする。この時に照度計で測った明るさは4000lx（ルクス）くらいである。

18時30分頃になると、少しずつオスが飛び始める。まだ川面に日差しが照り返り、キラキラと反射するほどの明るさだ。2500lxくらいである。

目の前をヒューと飛び去る影がある。ツバメだ。あちらからも、こちらからもヒューン、ヒュッと低空飛行していくツバメたちが狙っているのは、このカゲロウである。カゲロウたちがスウォームを始めるこの時間帯は、オスにとってまさに生死を賭《か》けた飛翔になる。まるでドラマのようだ。メスが草むらから舞い上がり飛翔し始めるのは19時も近くなる頃からだが、18時台にも時々、舞い上がることがある。その時間にメスを得ようと飛翔するオスはたいてい、その刹那にツバメが飛んできて、食べられてしまう。

19時近くになると太陽は沈みかけ、川面を闇が覆う。100lxくらいまで照度が落ちるとツバメはその姿を消す。ツバメの数が少なくなる19時少し前から、静かにカゲロウたちの大群飛現象が訪れるのだ。土手の空一面が、雪でも舞っているかのごとくカゲロウでいっぱいになる日もあった。

次々とカゲロウのメスが舞い上がってくるのもこの時間帯だ。この時から19時過ぎの日没までのわずか30分ほどのあいだが、カゲロウにとって勝負の時間帯だ。なぜなら日没近くなると、ツバメに代わって今度はアブラコウモリが薄暗い空をヒラヒラと舞い始める。彼らもまた、カゲロウを狙ってやってくるのだ。1年以上も川で暮らしてきたカゲロウにとって、セックスを許される時間は生涯にこの30分程度しかない。コウモリたちが去ったあとは日が暮れる。そうなるとカゲロウのオスの大きな目は、もはやなんの役にも立たないだろう。

許されたこの30分がカゲロウの一生にとっていかに短いものか、もう一度その生涯から考えてみよう。

夕暮れに鳥やコウモリたちの捕食から逃れて、ライバルオスたちとの争いにも勝って、うまくつがいとなったカゲロウのペアは、その後、川の上流に向かって飛んでいく。メスが川の水面で産卵をするためだ。水面に生み落とされた卵は、そこで孵化《ふか》して、幼虫となる。そして1年間、川底で藻類などを食べて過ごすのだ。ほとんどの卵や幼虫は、翌年の初夏に羽化する前に魚に食べられてしまう。わずかに生き残って最終的に羽化できた成虫だけが交尾のための飛翔を許されるのだ。カゲロウが儚いものの代名詞として親しまれるように、羽化した成虫はその日限りで死んでしまう。モンカゲロウも例外ではない。

僕は最初の年の5月、羽化したカゲロウを家に持ち帰って飼育ケージに入れ、そこに生けた草を入れて止まらせてみた。ケージは枕元に置き、明け方までうたた寝しながら様子をうかがったが、みんな朝までには死んでしまった。

1年間、川底でエサを食べて成長し、奇跡的に魚に食べられなかったひと握りの成虫がいる。さらにそのなかで、ツバメの気配をうかがいながら止まり木や草からタイミングを見計らって飛び立ち、他のオスとの競争に勝ってうまくメスと交尾したオスと、一方は日没近くに受精してコウモリに食べられないよう細心の注意を払い、川上までさかのぼって飛べたメスだけが次の世代に遺伝子を残すことができるのだ。

365日を分に換算すると、52万5600分となる。約53万分のうち交尾に許された時間が、わずか30分なのだ。カゲロウたちはこの短い時間に青春のすべてを懸けて繁殖しているのだった。その交尾が刹那的であることには違いない。だがカゲロウほど刹那的ではなくとも、世の中には限られた時間しか交尾を許されない生き物はとても多い。

いつでも交尾を行える生物は、人間くらいのものだ。

奇跡に近い受精タイミング

翌2016年には3週間ほど、毎日、院生たちと夕方にモンカゲロウの観察に出かけた。たいていの日は、2時間半ほどの観察で飛翔するカゲロウは数十匹であった。ひとりが空を見上げて10cm枠の円の中に50匹を超えるカゲロウを観察できたのはわずか3日であった（これだと全体で数千匹くらい飛んでいる見当である）。

しかし5月8日だけは違った。円の中で優に100匹を超えるような、とても多くのカゲロウを観察し、この日に交尾が観察できたペアは71例にものぼった。宴《うたげ》の日は限定されるようだ。なぜこの日だったのか？ 現在、いろいろなデータと照らしあわせて解析中ではあるが、まだ答えは見つかっていない。これはおそらく世界の誰もがわかっていない謎である。その謎を解くために、僕は今年もカゲロウの調査に通うのだ。

ところでカゲロウの調査をしている院生たちは、犬の散歩のために土手にやってきた人たちによく尋ねられたという。「何してるの？」と。院生は「カゲロウの群飛を観察しています」

と答える。そうすると多くの人が次に続ける疑問は、「それ観察してなんの役に立つの？」だそうである。

院生たちはどう答えればいいのか、僕のところに相談にくる。「この群れがどうしてできるのかは、世界の誰もわかっていないのです。それを明らかにすることは素晴らしいことです」と答えさせるのだが、院生は僕に言う。「誰も納得した顔をされていないようでした」と。

大学の存在意義を育むのは、科学に対する市民の懐の深さにあると僕は考えている。

このあとに紹介するように、昆虫が交尾を行うタイミングを調べることは、外来種生物の根絶のために非常に重要な場合があり、実はそれこそ社会的ニーズが高い。そのため、いろんな生物において交尾のタイミングを調べることは、「世界で初めての謎解き」として大切なだけではないのである。

話は再び沖縄のミバエに戻る——。

国費で交尾のタイミングを研究

第2章に書いたように、僕は1990年から2000年までの10年のあいだ、ミバエの配偶システムを調べる研究の一環として、ハエが交尾するタイミングの研究に多くの時間を沖縄で費やした。ミバエの根絶には、不妊化したオスを、野生メスに標的を絞った追尾ミサイルのごとく大量に野へ放って、野外に生息するメスと交尾をさせることで侵入害虫を駆除する方法がとられた。

ここでは野生のメスと不妊のオスがいつ交尾するのかが、根絶事業の成否を決める重要なポイントとなる。一生に30分しか交尾する時間が許されないカゲロウほど刹那的ではないにしても、ミバエの交尾もまたタイミングという点では限定的だ。

彼らには交尾をするための樹があって、お日様が傾いてくるとそこにオスが集まってレックを形成する（P63）。レックはカゲロウのスウォームと同じく日没前に生じる。カゲロウは日没前30分が勝負の時間帯だったが、ミバエの場合は、日没前のほぼ1時間が求愛の宴たけなわとなる頃合いだ。

那覇にあるミバエを増殖する工場（ハエ工場）では常に５００万匹のミバエの成虫が、不妊オスの種親として飼われていた。そしてその工場では僕が就職する以前から、超高密度で大量に室内で増やしたミバエは野外に棲《す》むミバエよりも交尾をする時刻が40分ほど早くなることが報告されていた。原因は不明だという。交尾時刻の他にも、大量に増殖されたミバエは飛ぶ力が弱かったり、短命だったり、成長が早かったりと、野生のミバエと比べていろいろな性質に違いが見られた。

当時これらの現象は、ひっくるめて「ミバエの家畜化」と呼ばれていたが、その原因はわかっていなかった。結果だけ先にいうと、僕はこの原因の解明にほぼ10年の歳月を費やし、その内容をまとめて博士論文を書き上げた。日本には博士課程に進学し、課程コースで学ばずとも独学で勉強した人に博士号が授与できる「論文博士」という制度の残っている大学がわずかばかりある（大学に予算がなくなって、今ではこの制度もほぼなくなった。国から教育を支える予算が削られた大学は、牧歌的ともいわれたイメージをかなぐり捨て、生き残りをめぐって迷走している）。

さて、ここでは交尾時刻がなぜ早くなったのかについて説明しよう。答えから書くと、ハエ工場では、早く発育するハエだけが使われるようになったからだ。これは、毎週1億匹も野に放つハエの生産効率を上げるためである。

ハエ工場では自動車の生産工場のように、ハエもできる限り早く・安く・大量に飼育することが求められていた。そのために家畜化が起こった可能性があった。家畜化の結果、ミバエがとても短命になって野外に放つとすぐに死んでしまったり、野生のメスにとって魅力のないオスになってしまうなら不妊虫放飼法は失敗である。そこで大量に増やし続けるための「ハエの品質管理」が重要になる。

僕は、早く育つハエとゆっくりと育つハエでは、どのような性質が遺伝的に異なるのか調べることにした。国の重要課題として、ハエの育種をすることにしたわけだ。

「早いやつ」と「遅いやつ」

まず約1600個分のミバエの卵をピペットで吸い取り、400mlのミバエ用のエサに接種した。この培地から最も早く羽化してきたオスとメス各50匹を次の世代の親として選び、交配させて再び1600個の卵を生ませて、と毎世代、同じ作業を繰り返す。このようにして20世代以上（2年ほど）も育種した系統をショート系統と名付けた。反対に最もゆっくりと羽化してきた成虫を同じ数だけ選んで、同じように20世代以上飼い続けて育種した系統をロング系統と名付けた。

20世代の育種のあと、ロング系統では卵から成虫になるまでの期間が32日を超え、およそ16日で成虫になるショート系統の2倍以上も遅く発育するミバエの系統ができた。系統ができ上がると、僕はこれらのミバエの成虫の体サイズや産卵数や寿命などを片っ端から調べた。測定の結果、早く発育するものは体サイズが小さく、若い時にたくさんの卵を生んで、早く死ぬようになっていた。

そして根絶事業にとって最も大事になる、「野に放たれたハエが何時に交尾を行うのか」、つまり交尾時刻を測る時が来た。

この時にはすでに、僕はゆっくり発育するハエに異変を感じていた。普通、飼育ケージに入れたミバエたちは夕方から夜になると飼育ケージの中で交尾ペアをつくっているのだけれど、ロング系統のミバエたちは夜になっても交尾ペアを形成しない。それでも、ロング系統のメスも普通に卵を生んで、その卵は孵化して幼虫になっている。はたしてロング系統はいつ交尾をしているのだろうか?

大発見の夜

不思議でたまらなくなった僕は、先輩の研究員やら上司らにこの事実を相談してみた。幾人かの方は、「きっと君は変なハエをつくってしまったのだよ。そんなハエの行動よりももっと役に立つ研究をしてはどうか?」などと、親切心からそのようなアドバイスをしてくれた。

でも直属の研究室の室長や先輩研究員のなかには、「こんな話は聞いたことがないので、もしかしたら重要な発見があるかもしれない」とか、「もしかしたら単為生殖になって、交尾を

写真18　600個のカップにミバエのペアを入れ、交尾を観察する

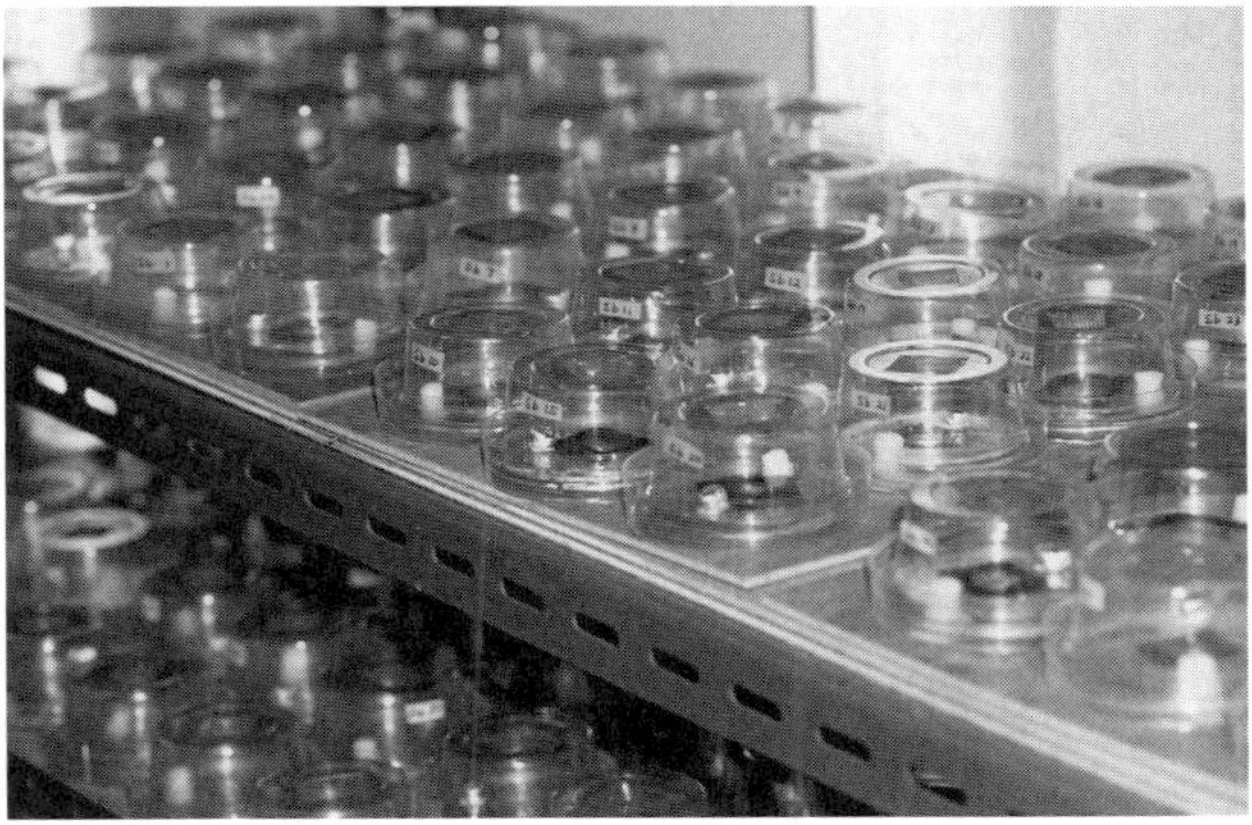

せずにメスだけで卵を生んでいたりして！」と面白がってくれる人もいた。今から思えば、このようなことを面白がってくれる仲間がいたことが本当にありがたい。あの時、そこで追究をやめてしまっていたら、今の僕が存在しなかったことは確かだと思える。

というわけで、ミバエのオスとメスを1匹ずつ入れて交尾を観察できるように工夫した「ミバエ個体別交尾観察プラスチックカップ」【写真18】を600個もつくり、僕はミバエの交尾が観察できる夜を待つことにした。

その日は1992年の6月29日。僕は観察部屋に600個のカップを並べて、昼にはすべてのカップへロング系統とショート系統の1対のカップルを入れてタグ付けした。そして午後3

時から30分おきにカップを覗《のぞ》き込んで、いつ交尾が生じるのかをひたすら待った。

観察し始めてから、あることに気付いて少し反省した。棚に並べた600のペアの交尾を30分おきにチェックする作業を始めると、トイレに行く時間がないのである。だが、ここで諦めてはすべての作業が水の泡なので、トイレ休憩は最小限にとどめ、ひとり明け方まで観察を続けた。

部屋の灯《あか》りは、段階的に照度を落とすように設定した。少しずつ照度が下がるにつれ、ショート系統のオスはメスに近づき翅を振動させて求愛した。そして夕刻には次々と交尾が成立していった。ロング系統のカップルたちは求愛する気配すらなくのんびりと時は過ぎ、やがて照明がすべて消えた。消灯後の観察は、赤い特殊なガラス板（ショウジョウバエが見える光はすべて遮断できるもの）を貼り付けた懐中電灯の光が頼りだ。暗闇のなかで、すべてのショート系統のカップルは交尾ペアを形成していた。僕は懐中電灯を片手に交尾ペアのチェックを続けた。

消灯後2時間経《た》って、不思議なことが起こった。なんとロング系統の1ペアが初めて交尾したのだ。その後、次々とロング系統のオスはメスに向かって求愛を始め、メスもこれを受け入れた。暗闇のなか、6時間ほどかけてロング系統もほとんどのペアが交尾をした。

「交尾時刻が夜中にズレてる!?」……にわかに信じられない事実だったため、翌日も僕は異なるミバエたちを準備して600個のカップを並べ、同じ実験をしたが、結果は同じだった。遅く発育したミバエたちは、交尾にかかわるすべての行動が夜中にシフトしていたのだった。それでもこの発見に納得しかねた僕は、慎重になり、次の世代のミバエたちの羽化を待って、もう一度同じ実験を繰り返してみた。だが、やはり結果は同じだった。ショート系統は夕刻に交尾したが、ロング系統が交尾をしたのは夜中であった。これは事実なのだろう。

発育のタイミングがずれると、一日のうちに交尾をする時刻もずれてしまうのだ。やっと先人によって報告された「大量増殖すると交尾時刻が40分ほど早くなる」理由の正解に近づいた。ロング系統のケースとは逆に、早く発育するミバエを何世代にも及んでつくり続けていると、遺伝的に早い時刻に交尾をするミバエになってしまうのだ。でも、どうして交尾する時刻が早くなってしまうのだろう。

その答えは、ミバエの体内時計にあった。何世代も何世代も超高密度でミバエを飼育し続けると、体内時計を駆動させる分子機構が狂ってしまうのだ。

野生の交尾は時間限定

生物にはリズムがある。これは体内時計によってコントロールされている。自転する地球上に誕生したほとんどの生物は、ほぼ24時間周期の体内時計を持つ。これは専門用語で「概日《がいじつ》リズム」と呼ばれる。

何度か述べたように、野外でミバエはレックと呼ばれる集団求愛場をつくって儀式的な配偶を行う。レックは日没のおよそ1時間前に形成される。それよりも早い時刻に繁殖という派手な行動を開始すると、その個体は目立ってしまい、スズメバチなど狩りバチの餌食になる。交尾や繁殖の時、昆虫は自身の交尾に夢中になるため、天敵には無防備になってしまうのだ。では、日没後に繁殖を始めればいいと思われるかもしれない。だが、ミバエが生息する亜熱帯の夜の樹にはヤモリやトカゲなど、夜行性の爬虫類《はちゅうるい》が獲物を狙ってうようよと徘徊《はいかい》している。エサの動きに反応するこのようなハンターたちによって、日没後、無防備にメスに求愛したりするミバエはたちまち餌食にされてしまうだろう。野外では捕食者からの圧力にさらされる（つまり自然選択が働く）結果として、日没前のわずか1時間しか求愛できるタイミングがないのである。

ミバエの体の中で24時間を刻む体内時計は、オスが求愛する時刻や、メスが愛を受け入れる時刻までほぼ正確に刻んでいる。日没前に求愛や交尾を行うミバエだけが、天敵に食われずに長い進化の時間のなかで生き残ってきたのだ。つまり、日没前に交尾するというタイミングにうまく体内時計を調節できたミバエだけが選択されて、現在、生き残っている。野生のミバエはみんな、日没前というとても限られた時間にだけ性の欲求を高めて、子を残すために一生懸命に求愛と交尾を行うのだ。この刹那に交尾に集中しないメスやオスは、自分の子供を残せない。

自然選択からの解放

ところが、虫を大量に増やすミバエ大量増殖工場には天敵がいないから、もはや日没に交尾を集中しなければならない理由はない。自然選択からの解放である。そのため、施設で飼われたミバエのなかには、まるで人間のように昼から交尾をするものもいれば、真夜中に交尾をするものだっている。彼らは野生のミバエと比べて、体の中の仕組みがどのように変わってしまったのだろうか？　その正解が狂った体内時計にあるのなら、よし、ミバエの体内時計を測ってやろう。

といっても、1992年当時の僕は体内時計の測り方など知らなかった。これは生理学の研究者たちが持つ技であって、昆虫生態学の徒であった僕には異分野のことだった。

何人かの先達からは、「それは生理学の人に任せればいいのでは」と親切な助言をいただいた。「君の専門分野は行動生態学であって、これは違う学問だから手を出さないほうがいい」と。

これはその後の研究者人生で僕がどれだけ聞かされ、うんざりさせられた言葉だろうか。当たり前だが、研究者にはみんな専門分野がある。専門家の集まりだからそれは仕方がない。けれども、その集まりは実は「村」に似ている。閉じた村であって、表にこそ出さないものの、その村のなかでの格付け争いにやっきになっている人すらいる。異なる分野の研究者がそのなかに入るのはどれだけ厳しいことか。

けれども、研究職になる前にいくつかの職業を経てきた僕にはこの、「学問の見えない壁」は気にならない。自分が行ってきた研究で生じた疑問を解くには体内時計のメカニズムを知る必要があるのだから、生理学の分野だろうがなんだろうが、それを測るのは当たり前だと僕には思えた。

体内の時計を測ってみる

一刻も早くその謎を知りたいと思った僕は、昆虫生理学の方々に教えを乞うて、ミバエの体内時計を計測することにした。ハエ工場で毎日、単調な作業を続けていた僕はこの時、再び新しい研究に着手する高揚感に包まれた。

昆虫の体内時計を計測するには、アクトグラフという装置が必要になる。原理はこうだ。まず高さ66㎜、直径36㎜の縦長のプラスチックカップを置く。その容器の片側に照射用、反対側に受信用のふたつのセンサーを置いて、直径2㎜ほどの赤外線ビームを発射させる。

その小さな容器の中にミバエを1匹入れる。容器にはエサとなる砂糖を入れ、吸水もできるよう工夫した。ミバエが容器の中に照射された1本のビームを遮断すると、1回遮断したという情報が、記憶媒体のパソコンに記録される。容器の中でミバエがたくさん動くほど、より多くの回数ビームが遮断され、それが記録される。

ハエが体の中に持っている体内時計を記録するためには、容器内は暗闇でなければならなかった。しかし研究予算のなかった僕たちは、手作りで暗闇をつくる方法を考えた。

当時はフィルム写真を現像するためには暗室が必要だったため、簡易に暗闇をつくる方法として、周囲からの光をいっさい遮断しながら両手を中に入れられる真っ黒な袋が販売されていた（真っ黒な袋にはファスナーがついていて、二重構造になっているのだ）。この袋の中にミバエを入れた容器を置いて、両腕を中に入れる部分から、センサーに接続する電線を引っ張り出すのである。こうして、とても安上がりに僕たちはいつも真っ暗闇となる装置をつくることができた。

写真19　手作りの昆虫活動記録セット

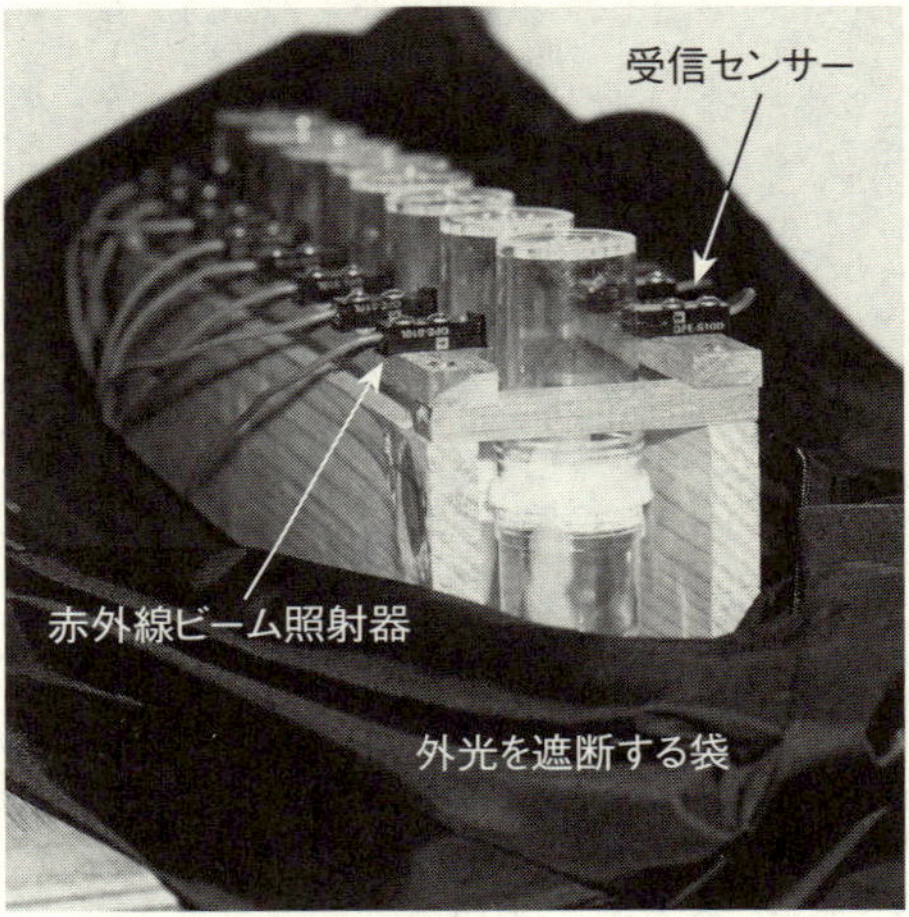

このような技術を教えてくれたのは、当時、博士号を取得後にバイトをしてくれていた昆虫生理学者であった。

　このような手作りの昆虫活動記録セット【写真19】にミバエを入れ、夜は電灯を消し、昼は電灯をつけた状態で、ビームの遮断回数を記録した。すると昼行性のミバエは、昼に多くビームを遮断し、夜は動かないため活動はほとんど記録されない。1週間これを続けてから、今度は電灯を消してしまい、袋のファスナーを閉じて、その後の2週間ほどは、ミバエをずっと真っ暗ななかで活動させる。

　真っ暗ななかでも、ミバエは決まった時刻になると活動を始め、決まった時刻に動かなくなる。なぜ照明の点灯がなく、時を示す情報がいっさい遮断された真っ暗闇の続く条件のもとでも、ミバエは活動したり、活動をやめたりするのだろうか。それはミバエが自らの体の中に時計を持っているためだ。体内時計に従って寝たり起きたりするのである。こうした、照度などが変わらない環境のなかでも自然に生じてくるリズムは「自由継続周期」と呼ばれる。

一日が20時間しかないハエ

こうして僕たちは、大量増殖施設で何世代も飼われているミバエの体内時計を計測することができた。

するとどうだろう。施設で飼っているミバエには、様々な長さの体内時計を持つ個体が混在していたのである。20時間という短い体内時計を持つものから、30時間を超える長い体内時計を持つものまで、まるで千差万別に狂った時計を持ったミバエがいた。一方、野生のミバエでは、多くのものが約23時間という長さの体内時計を持っていた。そして大量増殖されたミバエは、20時間という短い体内時計を持つものが大多数だった。このことは、野外に放した不妊オスの多くが野生のオスよりも40分も早く求愛を行うという報告の科学的根拠を示すものだ。

野生の集団と、隔離して飼育された集団とで40分も交尾時刻が違うという事実は、どのような進化的な意味を持つのだろうか？　ふたつの集団のあいだで生物学上どのような違いが生まれているのだろうか？　それを調べるために僕たちは、交尾時刻が少しずつ異なるミバエのふたつの集団を使って、どれだけ交尾をする時刻がずれると両者が交尾できなくなるのか、調べてみることにした。

例えば、日没の10分前に交尾する集団と、40分前に交尾する集団とがあるとする。幅20×高さ20×奥行30㎝の昆虫飼育ケージに、前者の集団からオスとメスをそれぞれ5匹取り出し、ペイントマーカーで背中にマークをする。そして後者の集団からもオスとメスをそれぞれ5匹取り出し、合わせて20匹のミバエを夕方に飼育箱に入れておく。その後、夜明け前に背中のマーカーによってどの集団のミバエ同士が交尾したのかを確認した。こうして様々に異なる時刻に交尾する集団を13通り組み合わせ、それぞれ3回の繰り返し実験を行った。この時は毎日組み合わせを換えて、朝の3時に職場に集合してはミバエを観察した。

同種なのに生殖ができないと…

実験を始めて約3週間後に判明したのは、ミバエの場合、求愛を行う時刻が1時間以上も異なる集団同士では、交尾がほとんど生じなかったということだった。一方、ふたつの集団の交尾開始時刻の差が40分以内のケースでは、両者の集団のオスとメスは交尾することができたのである。この事実がわかった朝の観察のことは、いまだに鮮明に覚えている。一緒に観察した博士と、もしかしたらこれは生物学の教科書に載る研究になるのではないか、と学問上の発見を二人で喜んだ。時刻は午前4時であり、いつもと同じようにどこからともなくニワトリの鳴き声が聞こえていた。

ここまでの結果で、交尾する時刻の早いミバエほど遺伝的に発育に要する日数が短いミバエだということが明らかとなった。これはとても重要な発見である。なぜかといえば、例えば、食べるエサが変わって早く発育するような、ある昆虫の集団が現れたとする。その集団は発育するタイマーをつかさどる遺伝子が変わってしまい、その遺伝子とリンクした時計遺伝子（概日リズムを操る遺伝子）の変化によって、交尾する時刻が変わってしまうのだ。

それが一定時間以上の交尾時刻の変化につながれば、エサが変わった新しい集団と元のエサを食べていた集団とでは、もはや交尾のタイミングがずれて、互いに繁殖できなくなってしまう。これを専門用語では「生殖隔離」と呼ぶ。いったんふたつの集団間で生殖が隔離され、別々の集団になって長い世代が経つと、やがてそのふたつの集団は別の種として分かれると考えられるのだ。つまり、交尾のタイミングが遺伝的にずれることで、新しい種の誕生である「種分化」というイベントが起こるかもしれないのだ。

現在、地球上に見られる生物の多様性は、もとは同じひとつの種がふたつに分かれ、それがさらにふたつに分岐してというように、倍々に分岐して種分化を積み重ね、今ある生物多様性が出現したと考えられている。その種分化が起きる原理として、いろいろな仕組みが考えられていたなかで、交尾のタイミングがカギとなって種分化が起こりうる仕組みを、僕たちは世界に先駆けて発見したことになる。この発見は1999年に、世界中の進化学者が目を通す雑誌、"Evolution"に掲載され、英語で書かれた進化の教科書には確かによく掲載される研究事例となった。

県と国、ハエを換える

では、この学術的発見を、沖縄で行われているミバエの不妊化法の成否に照らしあわせるとどうなるだろうか？

40分早い時刻に交尾を行うように変化していた大量増殖ミバエのオスは、なんとかセーフで野生のメスと交尾できているはずだということになる。不妊オスが野生メスと交尾できていれば、不妊化法はうまくいく。これがもし、飼育したミバエの交尾時刻が60分以上、野生のミバエよりも遅い時刻にずれていたら、ミバエの根絶は失敗していた可能性があったのである。野生メスは、すべて早い時刻に野生オスと交尾をすませてしまうためだ。

この発見は沖縄県や農林水産省の根絶作戦計画を変更させるのに十分な根拠とみなされたらしい。この発見を受けて、実際に沖縄県は2000年以降、当時（僕はこの時すでに岡山大学に転職していた）飼育していたミバエの系統を諦め、新たに沖縄に再侵入してくる源のひとつと考えられる台湾のミバエを採集、それを大量増殖虫にする方針を立てた。そして、農林水産省の許可を得て、台湾でミバエが採集された。日本から根絶が達成された今、海外から再侵入してくると予想されるミバエを迎え撃ち、根絶させる目的で飼育されている大量増殖の系統は、台湾産のミバエなのである。

ミバエのメスの理想像

さて、第2章（P70）で読者に投げかけた問いに、いよいよ答えよう。ミバエのメスはどんなオスを魅力的だと思って交尾するのか、つまり僕たちはどんなミバエのオスをつくればいいのか？について、である。広い空間で交尾させた時に、特定のオスが毎日、夕刻にメスとの交尾を独占し、あぶれたオスはいつまで経っても交尾できなかったのはなぜか。メスに好みのオスがいたためだ。それは一言でいって「手の早いオス」だ。

その後、行動生態学者の粕谷英一博士らは、こんな実験をした。

ミバエのオスとメス各100匹を大きなケージで同居させ、メスに2日間自由に交尾相手を選ばせた結果、生まれた子供と、実験者が任意に抽出した1匹のオスとだけ対にして交尾をさせたメスから生まれた子供を揃《そろ》えた。そしてこの子供たちが成虫に育つまでの生存率や発育期間を比べてみたのだった。すると自由にオスを選ばせたメスから生まれた子は、1匹の交尾相手をあてがわれたメスから生まれた子に比べて、早く発育した。この結果は、1992年に"Ecological Research"誌に報告されたが、なぜ自由に交尾相手を選ばせたメスの子が早く発育したのか、その仕組みについては、この論文では言及されていない。

相手オスを選ぶことのできる広い空間で、メスはどんなオスと交尾するかを想像してみよう。それはこれまでに見てきたように積極的に自ら求愛を仕掛けてくる、しかも他のオスよりも早い時刻からプロポーズしてくるオスに違いない。早く育つミバエは、一日のうち求愛を始める時刻が早いという遺伝的な関係を思い出してほしい。ケージの中に入れられた100匹のメスたちのなかには、たとえ同じ日齢であっても早熟なメスと晩熟なメスも交じっていただろう。早熟なメスが早い時刻から求愛をしてくる(やはり早熟な)ませたオスをお相手として選ぶとしたら、早く発育するというオスの性質は、そのメスが生んだ子供にも遺伝する。そのため、自由にオスを選ぶことができたメスから生まれた子供の発育期間は短くなるのだ。まさに「モテの極意」の輪廻《りんね》である。

再び性的対立へ

先の、不妊虫放飼法のために100世代以上もの長期間、飼育され続けたミバエでも交尾は早まっていた。ではなぜこのように体内時計が狂ってしまったのだろうか？　その仕組みは、やはりメスとオスの利害の関係に帰結するのであった。

大量増殖のために用意された飼育箱の中には天敵のスズメバチもヤモリもいない。天敵がいなくなり、自然選択から解放されたミバエに何が起こるのか、容易に想像できることがある。われ先に早い時刻からメスに執拗《しつよう》に求愛を仕掛けるオスが、子孫を残すうえで圧倒的に有利になるはずだ。

野外では早い時刻や夜中に動き出すオスがいれば、またたく間に天敵に食べられてしまうだろう。ところが飼育箱では捕食される危険性がない。そのためこうしたオスの限りない暴走を許すことになる。自然選択のなくなった飼育箱の中に入れられたオスとメスが向き合う進化の圧力は、性選択のみである。

先に、野生に暮らすミバエのメスによるオスの選別は非常に厳しく、求愛してきた61匹のオスのうち受精を許すのは1匹のオスだけという観察結果があると述べた（P66）。ミバエのメスは受精の前にオスを選択する性選択を発達させたため、受精後にオスを選ぶ仕組みを発達させる必要がなかったのだろう。その証拠にミバエのメスは、受精嚢《じゅせいのう》を3つ持っているわけではない。精子を蓄えておく袋はひとつである。複数のオスと交尾をすると、袋の中で多数のオスの精子が交ざりあうことになり、数量の多い精子を射精したオスが卵の父親となる。

この状況のもとでメスが、執拗に交尾を迫るオスに対抗するには逃げるしかない。しかし、逃げ場のない狭い飼育箱で、執拗に交尾を迫るオスをすべて拒むのも、また不利益になる。ずっとオスに抵抗し続けたせいで、傷ついて産卵に支障をきたすメスよりも、交尾を受け入れてしまうメスのほうが、飼育箱の中では適応度が高くなるのだ。こうして、早い時刻に交尾をするオスと交尾を受け入れるメスが世代を経て進化したのだと考えられる。

もうひとつ、工場で早い時刻に交尾をすることを促した科学的理由があった。

先にも述べたように、ハエ工場では効率のため、なるべく早く発育して若い時にたくさんの卵を生むミバエの親を、繁殖のために使っていた。遺伝学や行動学的な研究を続けて明らかにされたことのひとつが、早く発育するというミバエの性質は早いサイクルの体内時計を持つ性質でもあることもすでに述べた。若くしてたくさんの卵を生むメスは、概して早熟で発育に要する日数も短くてすみ、その結果、体内時計のサイクルが早く回るようになって、一日のなかで交尾する時刻も早くなったのだ。

言い換えれば、ミバエが過ごす一生のライフサイクルをつかさどっている発育タイマーの時計と、概日リズムはリンクしていた。つまり大量に増殖されたミバエは、早く成長し、一日のうちの早い時刻に交尾を開始し、若い時に卵をたくさん生んで、そして早く死ぬ、というライフサイクルを持っていたといえる。

性選択による交尾時刻の前倒しと、人為選択による概日リズムの早回し。ハエ工場のミバエが交尾を早めたのには、このふたつの理由があったのだ。

交尾時刻を決める遺伝子

1993年頃から僕は、ミバエの交尾時刻が早くなる原因遺伝子についても調べ始めた。当時は次世代型のDNAシーケンサーも開発されておらず、モデル生物でもないミバエの時計遺伝子を解析するにも、少しずつ、少しずつ、DNAの塩基配列を解読していく他なかった。2000年に岡山大学に転職し、沖縄を離れたあとも分子遺伝学に精通した研究者に教えを乞い、岡山大学の院生たちとともに少しずつではあったが遺伝子の解析を進めた。ここでも僕は学んだこともない分子生物学などの異分野に飛び込んでいったのだったが、このスタイルを貫き通す僕を止めてくれる人はもはやいなかった。

生物は体内にたくさんの時計遺伝子を持っている。直観的な説明を試みよう。

機械仕掛けの時計のフタを開けてみると、たくさんの歯車やネジといった部品で埋め尽くされている。昆虫の体内時計もたくさんの部品（遺伝子）のそれぞれが、歯車やネジといった機能を持って体内時計というひとつのシステムを構築しているのだ。生き物の場合には、自らの持つ体内時計が、昼夜という環境条件と自動で同調するよう働く部品も備えている。

僕たちは、ミバエの歯車遺伝子であるピリオド遺伝子やタイムレス遺伝子、ネジ遺伝子とも呼べるクロック遺伝子などを一個一個、調べていった。そしてついに2011年、ある遺伝子の変異が、ミバエの交尾時刻の変化に直結することを発見した。その時計遺伝子の名はクリプトクロム。体内時計を環境と同調させるために、外界からの光刺激を受け取って体内時計の歯車との調整を担っているのだ。

DNA解析をひたすら繰り返してこの発見に行き着いてくれたのは、研究室に所属する博士号を持つ研究員だった。研究員がこれを発見するまでのあいだ、僕の研究室では合計で5人の院生が、沖縄から冷凍して送ってもらったミバエの体をすりつぶしてひたすらＤＮＡを解析した。そういう日々が10年も続いた。いろいろな人たちの努力が報われたわけである。

すべては交尾のタイミングで決まる

時計遺伝子と交尾の関係を研究するうちに、生物がＤＮＡを自分たちの子孫に受け継がせていくためには、いかにオスとメスが交尾のタイミングを同調させることが大切かに気付かされた。

人間だって同じなのではないだろうか。女性と男性の体内リズムが同調しないと、会話が弾まないだけでなく、夫婦生活にだって支障が生じるかもしれない。ミバエの例で見てきたように、人間以外の生物では、メスとオスの体内リズムの不一致はもっと深刻な影響を及ぼす。花の開花、サンゴの配偶子放出、昆虫の交尾など、生殖を行う時刻や季節が決まっている生き物は多い。

実は最近になって、生殖のタイミングが合わないために種が分化してしまった、という生物の発見が相次いでいる。例えば、ニュージーランドに移入されたサケでは偶数年と奇数年に川を遡上する集団同士は、互いに出会いがなくなって、別の集団になってしまった。そのうち種も異なってしまうだろう。

海鳥の一種であるクロコシジロウミツバメだって、繁殖する季節が異なるふたつの集団がいろんな地域で分化している。2012年には、日本に生息するクロテンフユシャクというガのDNAを京都大学の研究者が調べたところ、寒冷地では遺伝的に異なる種が見つかった。寒冷地にいるこのガには、成虫が初冬に活動する集団と、晩冬に活動する集団があり、このふたつの集団には遺伝子の交流がない、つまり活動する季節が違ってしまい交尾そのものが成り立たないことが確認されたのだ。

つまり、オスが恋を成就させられるかどうか？　そのすべては愛のタイミングの問題ということができるわけだ。

第7章　オスとメスの決別

父はなくとも子は生まれる

愛と利害をめぐって、決して相容《あいい》れない男と女。性的対立の果てには何が待っているのだろうか？

生物界では、以前からオス不要論が浮上しては消えてゆき、男たちが自分たちの存在自体の喪失に怯《おび》えているところに、実はサンショウウオではメスだけで繁殖する集団が存在するという報告がなされた。

2016年、米国の研究チームは、メスだけで繁殖した集団はオスと一緒に繁殖するより生存に有利だという証拠を実証し"Journal of Zoology"誌に公開した。

観察対象となったサンショウウオの種類では、メスが自らクローンを生み、メスだけで繁殖できるようになった集団のいることが知られていた。つまりメスとオスで正常に繁殖する集団と、メスによるクローンだけで繁殖する集団がいるわけだ。一般にサンショウウオの仲間は、尾を切断しても再生するが、メスだけで繁殖する集団はオスとメスの両性で繁殖する集団よりも1・5倍も速く新しい尾を再生させることを研究者らは、発見した。サンショウウオは敵に襲われた時に尾を食われることがあるため、尾の再生能力が高いほど、その後の生き残る確率は上がるに違いない。

メスだけで繁殖する動物が見つかった例は、サンショウウオだけではない。2012年に米国では、メスだけで繁殖するマムシが2種、北米に生息していることが"Biology Letters"誌に報告された。この報告によれば、鳥やサメでも単為生殖が報告されたことがあるという。

Y染色体をなくしたネズミ

最近になって、単為生殖種はザリガニでも見つかっている。

2017年の3月に日本の愛媛県で見つかった外来種のザリガニ、ミステリークレイフィッシュは、メスだけで繁殖する系統だった。

日本には、もともと日本固有のニホンザリガニという種がいた。僕が子供の頃も池や川に行くと、茶色から灰色の体色のこのザリガニがいたものだが、いつの間にか赤くて大きな外来種のアメリカザリガニばかりになってしまった。現在、ほとんどの川や水路で見られるザリガニは、まずほとんどアメリカザリガニである。最近もアメリカザリガニよりも体の大きなウチダザリガニという新しい外来種が見つかって、環境省の特定外来生物に指定され、その分布拡大が心配されている。だが今回の、メスだけで増えるザリガニが日本に侵入したのは初めてで、繁殖力の強さと分布拡大が新たに心配されるところだ。

僕が専門とする昆虫にも、メスだけで増殖する害虫がいる。米国南部が原産だったイネの害虫、イネミズゾウムシはその一例だ。１９７６年に国内では愛知県で初めて確認されたこの虫は、メスだけで繁殖してどんどん卵を生む。またたく間に本州、四国、九州、北海道、沖縄と日本中に広がり、今ではイネの大害虫である。原産地の米国では、オスとメスのいる両性生殖型と、メスだけで増殖する単為生殖型の存在が知られていた。おそらく、両性生殖型も何度か日本に侵入した可能性はあるのだが、日本に入ってきた系統は単為生殖型だった（単為生殖型が侵入に成功しやすいのは当たり前だろう）。

このように昆虫、甲殻類、魚、鳥類、両生類、爬虫類《はちゅうるい》でオスが消滅する生物が存在する。はたして僕たち哺乳類は大丈夫なのかというのが気がかりであるが、哺乳類にもオスのY染色体が消失したネズミが存在する。しかも日本に。

哺乳類ではX染色体をふたつ持つ個体がメス、X染色体とY染色体を持つ個体がオスである。Y染色体には性を決める遺伝子がある。その遺伝子のスイッチが入ると精巣が発達するのだ。すべての哺乳類のオスはY染色体を持つ、のが常識だった。ところが、南西諸島に生息するトゲネズミはY染色体を持たないことがわかった。では、このネズミにはオスはいなくて、とうとう哺乳類でもメスだけで繁殖しているのか、と思われるかもしれない。ところが、実際にはオスはいる。今のところこのネズミには、Y染色体ではない、性を決定する別の遺伝子があるのだと考えられている。

メスと決別したオスたち

オスがいなくなってしまうと、きっと世の中は寂しいものになるだろうし、僕もオスなので複雑な気分である。けれども、世の中にはオス同士で交尾を行う動物も多い（もちろん子供は生まれないので厳密な交尾ではないが）。これまでにヒト以外にも哺乳類、鳥、爬虫類、クモと昆虫でオス同士の交尾行動が観察されている。『動物の同性愛行動の進化的意義』（２００６年）というタイトルの専門書まで出版されていて、フラミンゴ、ガチョウ、ハンドウイルカ、アカゲザルやボノボなどの大型動物でオス同士の交尾行為（以下、ホモ行為と呼ぶ）について研究が紹介されている。僕が大学生の頃に観察したヘリカメムシもそうであったが、興奮したオスがオスの上にマウントする昆虫の報告例は優に１００種を超えるようだ。ホモ行為の適応的な意義の解釈はいまだに謎めいた部分もあるが、解明に挑んだ研究者は少なくない。

昆虫のホモ行為がなんのために存在するのかについて、これまでにも６つの仮説が提唱されている。

　ひとつ目は、ホモ行為をオス同士の闘争のようなものだととらえる説である。自分がより社会的ステータスの上位にあることを誇示し、結果的に多くのメスと交尾できて自分の子をより多く後世に残せるという解釈だ。

　ふたつ目は、ホモ行為はメスとの正常な交尾のための練習である、という仮説である。この仮説によればホモ行為を行ったオスはメスとの交尾に成功する確率が高くなるはずだ。

　3つ目はホモ行為が、自分の精子を相手のオスに、間接的にではなくダイレクトに付着させるなどして、相手のオスの体を介してメスの受精へと移送する手段であるというものだ。

　性的対立のところでも紹介したが、モラルを進化させなかった昆虫界で、執拗《しつよう》に交尾を迫りくるオスによるハラスメントを回避せず、ハラスメントをあえて受け流したうえで、自分の子供への投資を多くするメスが、進化的により子孫を受けつなげるという仮説があった。オスでも同じだろう。付きまとうオスを回避するために大切な時間を奪われるくらいなら、それは適度に受け流して、メスとの交尾に時間を割くオスが適応的ではないだろうか。これが4つ目の仮説。いわば「同性のセクハラ受け流し戦略」だ。

　これら4つの仮説によると、ホモ行為は自分の子孫を残すうえで進化的に意義のある行動としてとらえることができるため、僕はこれらを「積極的ホモ行為仮説」と呼びたいと思う。

これとは別に、子孫を残すうえで適応的な意義がなくてもホモ行為は生じうるとする仮説がふたつある。

5つ目の仮説は、性的に興奮してしまったオスは、もはやメスとオスの見境がつかなくなってしまった結果としてホモ行為が生じるというものである。

6つ目は、メスがたくさんのオスと交尾を受け入れたほうがより子を残すうえで有利になる生物であれば、交尾することに旺盛なメスの形質はオスにも受け継がれる可能性があり、その結果としてホモ行為が増えるという説である。第5章で検証した「遺伝相関仮説」である。

後半に紹介したふたつの仮説は、この行為を行うことで直接的に自分の遺伝子を残せるわけではないため、「消極的ホモ行為仮説」と呼ぶことにしよう。

ホモ行為の繁殖効果がわかった

ここで再び、コイン精米機に暮らすコクヌストモドキに話を戻そう。コクヌストモドキを対象として、繁殖行動についての多くの研究を行ってきた米国のサラ・ルイス教授とその学生は、積極的ホモ行為仮説がコクヌストモドキで進化しうることを実証したのだ。

実は教授らが実験する以前に、消極的ホモ行為仮説のうち、6番目に紹介した遺伝相関仮説は否定されていた。1994年に別の研究者がホモ行為をするオスを人為的に育種しようとする実験をすでに実施していて、そのようなオスがとりわけ交尾に対する活性意欲が高いわけではなかったのだ。そこでルイス教授らは積極的ホモ行為仮説について検証した。

教授たちの行った実験は次のとおりだ。

まずコクヌストモドキのオスが何によって互いの優劣関係を決めるのかを調べるため、ある実験をした。例えばニワトリではつつきあってオス同士のステータスを決めるが、コクヌストモドキではオス同士のつつきあいをしない代わり、他のオスに対して交尾を試みる。つまり他のオスにマウントすることで自分の地位を確認しているのではないか、と仮定した。

そこでオスたちにマークを記したタグをつけて、2匹のオスをシャーレに同居させオス同士のマウント行動を1時間、観察した。他のオスにマウントしたオスたちと、シャーレに残っているマウントされたオスを、それぞれバージンメスのコクヌストモドキと一緒にし、どちらのオスがメスにより交尾を受け入れられやすいかについても調べた。しかし、マウントしたオスが、そうでないオスに比べてメスとより多く交尾したという証拠は得られなかった。要するに社会的順位などというものはコクヌストモドキのオスには存在しない、少なくとも生殖には関係しない、という結果が得られたのだった。

次に2番目の仮説である、ホモ行為をするオスは、そのあとにメスと交尾した時、より受け入れられやすいのか、検証がなされた。

そのためにずっとひとりきりで過ごさせたオスと、たくさんのオスを一緒にして存分にホモ行為をさせたオスたちが準備された。数週間ののち、両方のオスにバージンのメスがあてがわれて、メスがどちらのオスとの交尾をより受け入れるか比べた。ホモ行為が練習であるならば、オス同士の集団で生活したオスたちほど、メスとの交尾に成功しやすくなるはずだ。

ところが予想とは逆に、オスの群れのなかでしばらく暮らしたオスほど、メスとの交尾に成功した割合は少なかった。一方、交尾したオスたちのなかでは、オスの群れのなかで暮らしたオスと、単独で暮らしたオスのあいだに、受精能力には違いがなかった。つまり、ホモ行為は、メスとのセックスのための練習ではなかったのだ。

最後に、ルイス教授らが注目したのが、ホモ行為の相手オスに精子を付着させているのではないか、という3番目の説である。

歴史的に見れば、オスがメスの腹部に直接交尾器を挿入する、いわゆるトラウマチックな受精を行うことで知られるハナカメムシの一種では、オスがオスの腹部に注入した精子が、交尾の際にメスの体内に移送されるという事例が1974年にはすでに報告されていた。しかし、この事実を定量的に調べた研究者はいない。

コクヌストモドキのオスを集団で飼うと、オスはたくさんの精子を詰めた粘着性のある精包を腹部末端に付着させることにルイス教授らは気付いていた。そこで、ホモ行為の時に、この精包を相手オスにこすりつける可能性があるのではないかと考えたのだ。

この証拠を見つけるために、教授らは、体色の異なる2匹のオス同士にホモ行為をさせた。コクヌストモドキの体色は普通、茶色だが、この実験ではブラックと呼ばれる突然変異体（ミュータント個体）も使い、体色の異なる2匹のオスにホモ行為をさせたのだ。体色は遺伝する。そしてホモ行為を仕掛けたオスと、仕掛けられたオスたちをそれぞれ、バージンメスと交尾させた。さて生まれてきた子供は、そのメスとセックスしたオスの子供か、そうでないのか。

実験に使った86匹のオスのうち、ホモ行為を仕掛けられたオスと交尾したメスから、ホモ行為を仕掛けたオスと同じ体色の子供が生まれた事例が3件、見つかった。またホモ行為を仕掛けたオス3匹の子供に、ホモ行為を仕掛けられたオスと同じ体色のものも交じっていた。

つまり、ホモ行為の最中に相手オスの体に付着した精子が、メスとの交尾の時に、受精に使われていたのだ。その例数がそれほど高い頻度ではなかったため、ホモ行為が野外で頻繁に進化するのかについてルイス教授らは慎重に論じているが、２００９年に進化生物学雑誌“Journal of Evolutionary Biology”に掲載されたこの実験結果は、甲虫において同性愛が適応的である可能性を示唆するものとなった（ただし4番目と5番目の仮説については、この虫では未検証である）。

論文のなかで教授らは、ホモ行為によってオスは古い精子を使い捨てることができる可能性もあると書いている。過去の研究では、同じ精子でも若い精子ほど受精しやすいことが、コオロギでは知られていたのだ。そのため、古い精子を捨てるオスのほうが、子孫を残すために適応的であることは考えられる。論文の最後に、教授らは、今後、さらにホモ行為について詳細に調べる必要があると結んでいる。

終章　性的対立とは何か？

愛の告白がコストになる時

2匹の生き物がいる時、相手の存在が自分にとって利益であり、自分の存在も相手にとって利益があるなら、両者は同じ方向に向かって進化する。これを「ランナウェイ共進化」と呼ぶ。相手の存在が自分にとって、あるいは自分が相手の存在にとってなんらかの不利益（コスト）になっている時、彼らは「追いかけるものと逃げるもの」、「仕掛けるものと刃向かうもの」、あるいは「攻撃するものと反撃するもの」になる。これは逆向きの方向に沿って互いに突き進むため「拮抗的共進化」、あるいは「軍拡競争」とも呼ばれる。

メスとオスも2匹の生き物である限り、その例外ではない。男と女にあって前者はチャールズ・ダーウィンが考えついた性選択と呼ばれる関係になり、後者はジェフ・パーカー教授が考えた性的対立と呼ばれる関係である。

性的対立はある種のハラスメントだから、相手にとってその行為が不利益となっているのかどうかで決まる。それを受けた側にとって不利益となる行為は性的対立を生む。ハラスメントを受けた側は、その不利益が大きくなるほど対抗措置として様々な道を発見する。受け流して他を探すもの、逃げるもの、刃向かうもの、反撃するもの。どのような道を選ぶのかは、ほぼ環境に支配される。逃げる道がないと判断されれば、対抗するしかない。

メスは抵抗を続ける

性的対立は、性選択の発見があってこそ生まれた概念である。性選択、つまりメスが好みのオスを交尾相手として選り好みをする時、あるいはオス同士が争って勝者がメスの交尾相手になる時には、その交尾はメスにとってもオスにとっても得るものがある。

少し具体的に説明し直そう。

メスがオスを選ぶ時には、そのメスが生んだ娘は父親と同じようなオスを選びたがり、その息子はメスに好まれる性質が進化する。虫にも好みがあるのか、と思う人がいるかもしれないが、虫のメスの好みは、体の大きな強い遺伝子を持っていそうなオスだったり、あるいは好きな匂い（フェロモン）を放つオスだったりする。そのメスが生んだ息子は、父からその性質を譲り受け、やはり体が大きかったり、魅力的なフェロモンを持っている。そうすると、息子はモテる。モテる息子を生んだ母は多くの孫を持つことができるはずだ。オスにしてもそうで、体の大きい闘争に強いオスや、魅力的なフェロモンを持ったオスは、より多くのメスと交尾してたくさんの子供を残せる。そういったオスはやはり多くの子孫を残せるのだ。この時、メスとオスの利害はウィンウィンの関係にあり、ランナウェイ共進化が生じる。

交尾に不利益がほとんどなく、交尾すればするほど子孫を残せるオスという性は、闘争に勝つオス、メスに選ばれるオスはもちろんのこと、闘争に弱いオスでもマメさとアクティブさや、時にはスニークするなど、モラルを持ったヒトが見ればズルくも感じるバラエティー豊かな個性を発揮する。そのように、自分のDNAを懸命に残そうとする個体が進化できた。そのような行為をしてでも受精に成功したオスの子孫のみが現存できているのである。その目的のために様々なオスの個性が進化したのだ。

ところがメスにとって1回の交尾の不利益は十分に大きい。そのためメスは、暴走オスによる交尾を避ける方向に様々な個性が進化する。つまりオスからひたすら逃げて隠れて、時には対抗するのである。逃げる道、隠れる道、対抗する道も多様であり、個性的だ。あるメスは文字どおり、ひたすら飛んで逃げる。マメゾウムシで見たように生殖器の壁を厚くしてオスに対抗する手段もある。毒入りのオス精子に対しては、解毒剤を進化させることでメスは対抗した。

チューリッヒ大学のラシム・ハリファ博士は空中でメスに猛アタックを仕掛けてくるヤンマ科のトンボのオスに対し、メスはいきなり羽ばたきを止めて、飛翔を停止し、地面にクラッシュランディングしたと、"Ecology"誌で公表している。いわゆる死んだふりである。2017

年の発表だ。メスはオスが諦めるまで死んだふりをするという。

86例のトンボの交尾を観察したところ、オスにアタックされたメスのうち27匹が動かなくなった。そして21匹のメスが強引なオスから逃げることに成功したという。着地したメスは、オスが去ったのち再び飛び立ち、水辺に飛んで産卵に成功した。博士は、この行動が進化したきっかけは性的対立にあるのだと解説している。猛アタックするオスたちを振りきるために費やす時間を産卵にあてられるメスのほうが、たくさんの子孫を残せるのは目に見えている。

与えよ、さもなくば逃げよう

先にも同じようなことを聞いたが、もう一度問うてみる。オスとメスの関係は協調になるのか、あるいは対立になるのか？

判別する方法は一点。先に「不利益」という言葉で説明したが、言い換えると、「交尾をすることがメスにとって、得になるのか、損になるのか」。この点だけだ。このポイントが両者の関係を対立に導くのか、それとも共に繁栄する道に導くかの決め手なのである。

なにもメスとオスに限らなくても、万物はすべてそのようにできている。損か得か。それだけ……それではやりきれない。だから人の心には「徳」が生じたのだろう。だがその道徳にしても、誰かに最初は協力しておけば、あとで見返りがあると期待できるところから発生しているのかもしれない。なぜなら共同で作業をしなければならない生物には必ずこの「持ちつ持たれつ」が生じてくるからだ。集団で生活する人では、他者のために何かをする行為は進化しやすい。

昆虫から学べることは何か、と問われれば、「性選択も含め自然選択は無慈悲である」という一言に尽きる。いかにも索漠とした話だが、生物は事実、DNAを残すためだけのゲームとして進化したのだから、これは仕方がない。しかし、仕方がないでは、僕たちもまた昆虫と同じということになる。人は無慈悲ではどうしたってやりきれない。だから人類は慈悲の世界を信じたいと思った。

昆虫の性的対立を見れば、人間社会のあちこちで生じている紛争から家庭内暴力までのすべては、利害の対立が生んだ結果でしかないことがわかる。それが、ある後戻りのできない出来事から、恨みへと発展し、止めようのない対立レースが始まるのだ。昆虫はその解決法を直接教えてはくれないが、放っておけば対立がどんどんエスカレートすることは、昆虫のメスとオスの関係を見れば自明である。学ぶべき点があるとすれば、メスにとって不利益となっていたオスの行動がメスに利益をもたらす時に、この対立が解消される事実だ。そうでなければ、どちらかが妥協するか、徹底的に闘ってどちらかを滅ぼすかである。

この構造がいかに普遍的なものであるのか、夫婦について考えてみよう。結婚が互いに利益となる場合には、夫婦は互いを高めあい、よりよい関係を築いていけるだろう。不利益になる場合には、いい関係が築けないのは当然だ。夫婦のあいだに亀裂が入り、対立が深まるばかりである。

子育てにしても、同じ構造が当てはまるだろう。進化生物学的に考えれば、子育ては自分のDNAを後世に残すための共同作業であるため、夫婦のどちらにとっても利益になるのが基本型である。ところが、できれば余力を他の適応的局面に使いたいという欲、というか色気が出てくると、子育てさえも不利益に感じる場面が現実にはあるのかもしれない。生物の世界では、この繁殖をめぐる雌雄間の対立が顕著であることは、本書を通して述べてきたことである。

不利益となるか、利益になるのかは状況による。ある行為が互いにとっていいタイミングで行使される時には両者にとってベネフィット（利益）となるが、同じ行為でも間が悪くタイミングがずれたり、相手への配慮や思いやりを欠いてしまうと、コスト（不利益）や衝突に転じる危険性を孕《はら》んでいる。

虫たちは、性欲の高まりなど自分の気持ちを忠実に行動へ移すことはできる。けれども相手の気持ちになって行動することはできない。だから虫たちは性的対立から逃れることができない。だが僕たちは人である。対立を避けるには、相手の気持ちをどれだけ推し量れるか、そして自分を与えることができるかにかかっている。それができなければ「逃げなさい」。

この本では、勝つ力、魅せる力、盗み取る力など、自分の置かれた境遇に応じてありとあらゆる個性を際立たせて、受精のために存在するオス、そして選ぶ力、与えられる力、逃げる力、対抗する力といったメスの個性を描いてきた。

虫だって、オスもメスも個性を持って生きているのだ。今生きているその虫の個性は、遺伝子をつないできた進化の勝者である。今、生きていることは、進化生物学的にはすでに勝者なのだ。だから、臆することなく個性を際立たせて対立や共存の道を生きている虫に思いを馳《は》せ、明日からの毎日を生きてほしい。

おわりに

いかにして虫の研究を続けることができるかに、生活のほぼすべてを懸けて生きてきた僕には、多くの人にとても語り尽くせないほどの感謝がある。

県の農業試験場で働いた時、そして大学で働き始めた時、つまり虫を飼育して研究しようと決めた時代には、職場まですぐに通えるところに居を構えた。これはすべて飼っている虫のためであって、家族のためではなかった。

研究職に就いてからは昼夜もなくなるだろうから、試験場への転勤が予測できた1年前に、結婚も決行した。その研究職に就く前は、もし研究できる職場に異動できなかった場合にはいつでも迷いなく公務員を辞められるよう、常に辞表を懐に入れて出勤していた。すべては、虫の行動を研究するためだったと白状する。身勝手な男である。

安定した研究環境を得るまでは、仲間との付き合いも可能な限り絶って生活してきた。付き合いの悪いやつだと思われた。そんな自分に恥じ入る瞬間もあるのだが、そういう覚悟がないと、現在の研究環境を手に入れることはできなかったと思う。そこが僕の限界だとも思っている。あの時、配慮を欠き、礼を失した方々へ、ごめんなさい。そんな僕と今でもお付き合いくださっている方々へ。普段言えないので、「ありがとう」。

本書に紹介した実験のうち、自分ひとりで成果を出せたものは何ひとつない。卒論や修士論文の作業の多くは自分で行ったが、実験器具や実験室を使わせてくださった諸施設、観察に使うフィールドを提供してくださった農家の皆さんや、実験にあたりアドバイスをくださった仲間や先生、学会でコメントをいただいた方々……数えきれないくらいの方々に感謝している。

研究職員として農業試験場で行った実験では、実験補助としてお手伝いをしてくれたアルバイトの皆さんをはじめ、アドバイスをくれ議論を戦わした上司・同僚・後輩、そんな研究環境を準備してくださった先達の方々に感謝である。

大学に転職したあと、本書で紹介した研究のほとんどは、僕の研究室を選んだ学部生や院生たちによって実験された。興味を分かちあってくれたみんなに感謝している。大学で一緒にセミナーをして意見をくれた方々、研究環境を見守ってくださった先達の方々にも感謝している。

本書では僕の研究室で学生時代を過ごした卒業生と院生が登場する。大いなる情熱をもって卒業研究や学位論文の研究に奮闘した彼らの熱意がなければ、本書は執筆できなかった。研究室に滞在した博士研究員たちも多くいた。紙幅の都合上、名前はあげられなかったが、本書で紹介した僕がかかわった皆さんの研究成果は、すべて学術雑誌にオリジナル論文として公表されている。本書の巻末に簡略化した文献情報を、ウェブサイト（https://sites.google.com/view/miyatake/home/books/引用参考文献リスト）に詳細な論文情報を公開しているので、それを見ていただければ、誰がその実験を担当したのかをたどることができる。

なお本書で紹介した研究の一部は「科学研究費　基盤研究（B）26291091」による助成を受けている。

研究室からたくさんの人たちが社会人として巣立っていった。どうしているのかわからない人たちもいるが、君たちが自分の力で道を切り拓いていく様子を、僕はいつまでも遠くから眺めている。君たちは君たちの道を進め。僕はこれからも昆虫のドラマを見続ける。

最後に、僕を最も理解してくれた妻や、子供たちに感謝している。

2018年1月

宮竹貴久

et al (2009) Mol Ecol 18, 3340-3345. Pizzari T et al (2003) Nature 426, 70-74. Pizzari T, Birkhead TR (2000) Nature 405, 787-789. Sugiyama Y (1965) Primates 6, 381-418. Packer C, Pusey AE (1983) Am Nat 121, 716-728. Bruce HM (1959) Nature 184, 105. Roberts EK et al (2012) Science 335, 1222-1225. Baker RB, Bellis MA (1993) Anim Behav 46, 887-909. Mah K, Binik YM (2001) Clinical Psychol Rev 21, 823-856. Pavličev M, Wagner G (2016) J Expe Zool B 326, 326-337. Miyatake T, Matsumura F (2004) J Insect Physiol 50, 403-408. Harano T, Miyatake T (2005) Anim Behav 70, 299-304. Harano T, Miyatake T (2007) Heredity 99, 295-300. Harano T et al (2006) Anim Behav 71, 539-548. Yamane T, Miyatake T (2008) J Ethol 26, 225-231.

第6章

Miyatake T (1995) Ann Entomol Soc Am 88, 848-855. Miyatake T (1997) Behav Genet 27, 489-498. Miyatake T (2002) Popul Ecol 44, 201-207. Shimizu T et al (1997) Heredity 79, 600-605. Miyatake T, Shimizu T (1999) Evolution 53, 201-208. Kasuya E (1992) Ecol Res 7, 277-281. Miyatake T et al (2002) Proc R Soc B 269, 2467-2472. Fuchikawa T et al (2010) Heredity 104, 387-392. Friesen VL et al (2007) PNAS 104, 18589-18594. Yamamoto S, Sota T (2009) Proc R Soc B, doi.10.1098/rspb.2009.0349. Yamamoto S, Sota T (2012) Mol Ecol 21, 174-183.

第7章

Saccucci MJ et al (2016) J Zool, doi.10.1111/jzo.12339. Booth W et al (2012) Biol Lett, doi.10.1098/rsbl.2012.0666. Scholtz G et al (2003) Nature, doi.10.1038/421806a. Saito T et al (2005) Appl Entomol Zool 40, 31-39. 守隆夫 (2010) 動物の性. 裳華房. 黒岩麻里 (2014) 科学 84, 768-770. Levan KE et al (2009) J Evol Biol 22, 60-70. Carayon J (1974) C R Acad Sci D 278, 2803-2806. Sommer V, Vasey PL (2006) Homosexual Behaviour in Animals: An Evolutionary Perspective. Cambridge Univ Press. Levan KE et al (2009) J Evol Biol 22, 60-70.

終章

Khelifa R (2017) Ecology 98, 1724-1726.

and Reproductive Competition in Insects. Academic Press. Arnqvist G, Rowe L (2005) Sexual Conflict. Princeton Univ Press. Chapman T et al (1995) Nature 373, 241-244. Parker GA (1970) Biol Rev 45, 525-567. Mouginot P et al (2015) Curr Biol 25, 2980-2984. Nakata K (2016) Biol Lett, doi.org/10.1098/rsbl.2015.0912. Wolfner MF (1997) Insect Biochem Mol Biol 27, 179-192. Waage JK (1979) Science 203, 916-918. Ono T et al (1989) Physiol Entomol 14, 195-202. Gallup Jr. GG et al (2003) Evol Human Behav 24, 277-289. Gallup Jr. GG et al (2006) Hum Nature 17, 253-264. Gallup Jr. GG et al (2002) Arch Sexual Behav 31, 289-293. Aronson LR, Cooper ML (1967) Anatomic Rec 157, 71-78. Holland B, Rice WR (1999) PNAS 96, 5083-5088. Crudgington HS, Siva-Jothy MT (2000) Nature 407, 855-856. Rönn J et al (2007) PNAS 104, 10921-10925. Dougherty LR et al (2017) Proc R Soc B, doi:10.1098/rspb.2017.0132. van Lieshout E et al (2014) PLOS ONE doi.org/10.1371/journal.pone.0095747. Wilson CJ, Tomkins JL (2014) Behav Ecol 25, 470-476. Arnqvist G, Rowe L (2012) Nature 415, 787-789. 粕谷英一，工藤慎一　共編（2016）交尾行動の新しい理解─理論と実証．海游舎．Aronson LR, Cooper ML (1967) The Anatomical Rec 157, 71-78. Osman WC Hill MD (1946) J Zool 116, 129-132. McLean CY et al (2011) Nature 471, 216-219. Arnqvist G (1989) Oikos 56, 344-350. Rowe L et al (1994) Trends Ecol Evol 9, 289-293. Rowe L, Arnqvist G (2002) Evolution 56, 754-767. Stutt AD, Siva-Jothy MT (2001) PNAS 98, 5683-5687. Rice WR, Gavrilets S (2014) The Genetics and Biology of Sexual Conflict. Cold Spring Harbor Lab Press. Stavenga DG et al (2016) J Roy Soc Interface, doi:10.1098/rsif.2016.0437. Sasaki T, Iwahashi O (1995) Anim Behav 49, 1119-1121. Anderson AG, Hebets EA (2016) Biol Lett, doi.org/10.1098/rsbl.2015.0957. Toft S, Albo MJ (2016) Biol Lett, doi.org/10.1098/rsbl.2015.1082. Ramos M et al (2004) PNAS 101, 4883-4887. Zuk M et al (2014) Annu Rev Entomol 59, 321-338. Shackelford TK, Goetz AT (2012) The Oxford Handbook of Sexual Conflict in Humans. Oxford Univ Press.

第５章

メノ・スヒルトハウゼン（著）田沢恭子（訳）（2016）ダーウィンの覗き穴─性的器官はいかに進化したか．早川書房．Eberhard WG (1996) Female Control: Sexual Selection by Cryptic Female Choice. Princeton Univ Press. Dugatkin LA (2001) Model Systems in Behavioral Ecology: Integrating Conceptual, Theoretical, and Empirical Approaches. Princeton Univ Press. Ward PI (1993) Behav Ecol Sociobiol 32, 313-319. Hellriegel B, Bernasconi G (2000) Anim Behav 59, 311-317. Bretman A

参考文献

第1章

Miyatake T（2001）J Insect Behav 14, 421-432. Miyatake T（2001）Ann Entomol Soc Am 94, 612-616. Miyatake T et al（2008）Anim Behav 75, 113-121. Miyatake T et al（2004）Proc R Soc B 271, 2293-2296. Nakayama S, Miyatake T（2009）Evol Ecol 23, 711-722. Richards S et al（2008）Nature 452, 949-955. Nakayama S, Miyatake T（2010）Biol Lett 6, 18-20. Nishi Y et al（2010）J Insect Physiol 56, 622-628. Matsumura K, Miyatake T（2015）PLOS ONE 10, e0127042.

第2章

Miyatake T（1993）J Ethol 11, 63-65. Miyatake T（1995）J Ethol 13, 185-189. Miyatake T（2002）Ann Entomol Soc Am 95, 340-344. Koyama J et al（2004）Annu Rev Entomol 49, 331-349. Kuba H, Sokei Y（1988）J Ethol 6, 105-110. Miyatake T, Kanmiya K（2004）J Insect Physiol 50, 85-91. Iwahashi O, Majima T（1986）Appl Entomol Zool 21, 70-75. Miyatake T, Haraguchi D（1996）Ann Entomol Soc Am 89, 284-289. Hibino Y, Iwahashi O（1989）Appl Entomol Zool 24, 152-154. Okada K, Miyatake T（2004）Ann Entomol Soc Am 97, 1342-1346. Okada K, Miyatake T（2007）J Ethol 25, 255-261. Okada K, Miyatake T（2007）Appl Entomol Zool 42, 411-417. Okada K et al（2007）Anim Behav 74, 749-755. Okada K et al（2008）Ecol Entomol 33, 269-275. Miyatake T et al（1997）Environ Entomol 26, 272-276.

第3章

Ozawa T et al（2016）PNAS 113, 15042-15047. Okada K et al（2006）J Insect Behav 19, 457-467. Okada K, Miyatake T（2010）Behav Ecol Sociobiol 64, 361-369. Sasaki T et al（2010）J Biol Dynamics 4, 270-281. Yamane T et al（2010）Proc R Soc B 277, 1705-1710. Okada K, Miyatake T（2009）Anim Behav 77, 1057-1065. Okada K et al（2014）Proc R Soc B, doi.10.1098/rspb.2014.0281. Harano T et al（2010）Curr Biol 20, 2036-2039. Katsuki M et al（2012）Ecol Lett 15, 193-197.

第4章

Darwin C（1859）On the Origin of Species by Means of Natural Selection or the Preservation of Favoured Races in the Struggle for Life. London: Murray. Darwin C（1871）The Descent of Man, and Selection in Relation to Sex. London: John Murray. Bateman AJ（1948）Heredity 2, 349-368. Blum MS, Blum NA（1979）Sexual Selection

編集協力／安倍晶子

宮竹貴久（みやたけ たかひさ）

一九六二年、大阪府生まれ。岡山大学大学院環境生命科学研究科教授。理学博士（九州大学大学院理学研究院生物学科）。ロンドン大学（ＵＣＬ）生物学部客員研究員を経て現職。Society for the Study of Evolution, Animal Behavior Society 終身会員。受賞歴に日本生態学会宮地賞、日本応用動物昆虫学会賞、日本動物行動学会日高賞など。主な著書に『恋するオスが進化する』『「先送り」は生物学的に正しい』など。

したがるオスと嫌《いや》がるメスの生物学《せいぶつがく》 昆虫学者《こんちゅうがくしゃ》が明《あ》かす「愛《あい》」の限界《げんかい》

集英社新書〇九二一Ｇ

二〇一八年二月二一日　第一刷発行
二〇二二年七月一九日　第二刷発行

著者……宮竹貴久《みやたけたかひさ》

発行者……樋口尚也

発行所……株式会社集英社
東京都千代田区一ツ橋二-五-一〇　郵便番号一〇一-八〇五〇
電話　〇三-三二三〇-六三九一（編集部）
〇三-三二三〇-六〇八〇（読者係）
〇三-三二三〇-六三九三（販売部）書店専用

装幀……原　研哉

印刷所……凸版印刷株式会社

製本所……株式会社ブックアート

定価はカバーに表示してあります。

ISBN 978-4-08-721021-7 C0245

Printed in Japan

a pilot of wisdom

集英社新書　好評既刊

科学――G

博物学の巨人 アンリ・ファーブル　奥本大三郎
物理学の世紀　佐藤文隆
生き物をめぐる4つの「なぜ」　長谷川眞理子
ゲノムが語る生命　中村桂子
安全と安心の科学　村上陽一郎
松井教授の東大駒場講義録　松井孝典
時間はどこで生まれるのか　橋元淳一郎
スーパーコンピューターを20万円で創る　伊藤智義
非線形科学　蔵本由紀
欲望する脳　茂木健一郎
大人の時間はなぜ短いのか　一川誠
化粧する脳　茂木健一郎
電線一本で世界を救う　山下博
量子論で宇宙がわかる　マーカス・チャウン
挑戦する脳　茂木健一郎
錯覚学―知覚の謎を解く　一川誠
宇宙は無数にあるのか　佐藤勝彦
ニュートリノでわかる宇宙・素粒子の謎　鈴木厚人
宇宙論と神　池内了
非線形科学 同期する世界　蔵本由紀
宇宙を創る実験　村山斉・編
地震は必ず予測できる！　村井俊治
宇宙背景放射「ビッグバン以前」の痕跡を探る　羽澄昌史
チョコレートはなぜ美味しいのか　上野聡
AIが人間を殺す日　小林雅一
したがるオスと嫌がるメスの生物学　宮竹貴久
地震予測は進化する！　村井俊治
プログラミング思考のレッスン　野村亮太
ゲノム革命がはじまる　小林雅一
ネオウイルス学　河岡義裕
リニア新幹線と南海トラフ巨大地震　石橋克彦
宇宙はなぜ物質でできているのか　小林誠・編著

a pilot of wisdom

教育・心理――E

感じない子ども こころを扱えない大人	袰岩奈々
大学サバイバル	古沢由紀子
語学で身を立てる	猪浦道夫
ホンモノの思考力	樋口裕一
共働き子育て入門	普光院亜紀
世界の英語を歩く	本名信行
かなり気がかりな日本語	野口恵子
人はなぜ逃げおくれるのか	広瀬弘忠
悲しみの子どもたち	岡田尊司
行動分析学入門	杉山尚子
就職迷子の若者たち	小島貴子
日本語はなぜ美しいのか	黒川伊保子
「人間力」の育て方	堀田　力
「やめられない」心理学	島井哲志
外国語の壁は理系思考で壊す	杉本大一郎
○《まる》のない大人　×《ばつ》だらけの子ども	袰岩奈々
メリットの法則 行動分析学・実践編	奥田健次
「謎」の進学校 麻布の教え	神田憲行
孤独病 寂しい日本人の正体	片田珠美
「文系学部廃止」の衝撃	吉見俊哉
口下手な人は知らない話し方の極意	野村亮太
受験学力	和田秀樹
名門校「武蔵」で教える東大合格より大事なこと	おおたとしまさ
「本当の大人」になるための心理学	諸富祥彦
「コミュ障」だった僕が学んだ話し方	吉田照美
TOEIC亡国論	猪浦道夫
「考える力」を伸ばす AI時代に活きる幼児教育	久野泰可
保護者のための いじめ解決の教科書	阿部泰尚
大学はもう死んでいる？	苅谷剛彦 吉見俊哉
「生存競争《サバイバル》」教育への反抗	神代健彦
毒親と絶縁する	古谷経衡
子どもが教育を選ぶ時代へ	野本響子
僕に方程式を教えてください	高橋一雄 瀬山士郎 村尾博司

歴史・地理——D

- 日本人の魂の原郷　沖縄久高島　比嘉康雄
- 沖縄の旅・アブチラガマと轟《とどろき》の壕　石原昌家
- アメリカのユダヤ人迫害史　佐藤唯行
- ヒロシマ——壁に残された伝言　井上恭介
- 英仏百年戦争　佐藤賢一
- 死刑執行人サンソン　安達正勝
- パレスチナ紛争史　横田勇人
- 僕の叔父さん　網野善彦　中沢新一
- 勘定奉行　荻原重秀の生涯　村井淳志
- 沖縄を撃つ！　花村萬月
- 反米大陸　伊藤千尋
- 陸海軍戦史に学ぶ　負ける組織と日本人　藤井非三四
- 在日一世の記憶　小熊英二　姜尚中　編
- 知っておきたいアメリカ意外史　杉田米行
- 長崎グラバー邸　父子二代　山口由美
- 江戸・東京　下町の歳時記　荒井修
- 愛と欲望のフランス王列伝　八幡和郎
- 日本人の坐り方　矢田部英正
- 江戸っ子の意地　安藤優一郎
- 人と森の物語　池内紀
- ローマ人に学ぶ　本村凌二
- 北朝鮮で考えたこと　テッサ・モーリス-スズキ
- 司馬遼太郎が描かなかった幕末　一坂太郎
- 絶景鉄道　地図の旅　今尾恵介
- 縄文人からの伝言　岡村道雄
- 14歳〈フォーティーン〉満州開拓村からの帰還　澤地久枝
- 日本とドイツ　ふたつの「戦後」　熊谷徹
- 江戸の経済事件簿　地獄の沙汰も金次第　赤坂治績
- 「火附盗賊改」の正体——幕府と盗賊の三百年戦争　丹野顯
- 在日二世の記憶　小熊英二　髙賛侑　高秀美　編
- シリーズ〈本と日本史〉①『日本書紀』の呪縛　吉田一彦
- シリーズ〈本と日本史〉③中世の声と文字　親鸞の手紙と『平家物語』　大隅和雄
- シリーズ〈本と日本史〉④宣教師と『太平記』　神田千里

a pilot of wisdom

「天皇機関説」事件　山崎雅弘
列島縦断「幻の名城」を訪ねて　山名美和子
大予言「歴史の尺度」が示す未来　吉見俊哉
十五歳の戦争 陸軍幼年学校「最後の生徒」　西村京太郎
物語 ウェールズ抗戦史 ケルトの民とアーサー王伝説　桜井俊彰
シリーズ〈本と日本史〉② 遣唐使と外交神話『吉備大臣入唐絵巻』を読む　小峯和明
テンプル騎士団　佐藤賢一
司馬江漢「江戸のダ・ヴィンチ」の型破り人生　池内了
写真で愉しむ 東京「水流」地形散歩　小林紀晴 監修・解説 今尾恵介
近現代日本史との対話【幕末・維新―戦前編】　成田龍一
近現代日本史との対話【戦中・戦後―現在編】　成田龍一
マラッカ海峡物語　重松伸司
アイヌ文化で読み解く「ゴールデンカムイ」　中川裕
始皇帝 中華統一の思想『キングダム』で解く中国大陸の謎　渡邉義浩
歴史戦と思想戦――歴史問題の読み解き方　山崎雅弘
証言 沖縄スパイ戦史　三上智恵
「慵斎叢話」15世紀朝鮮奇譚の世界　野崎充彦

江戸幕府の感染症対策　安藤優一郎
長州ファイブ サムライたちの倫敦《ロンドン》　桜井俊彰
奈良で学ぶ 寺院建築入門　海野聡
江戸の宇宙論　池内了
大東亜共栄圏のクールジャパン　大塚英志
「米留組」と沖縄 米軍統治下のアメリカ留学　山里絹子
未完の敗戦　山崎雅弘
スコットランド全史「運命の石」とナショナリズム　桜井俊彰
駒澤大学仏教学部教授が語る 仏像鑑賞入門　村松哲文

a pilot of wisdom

集英社新書　好評既刊

男と女の理不尽な愉しみ
林 真理子／壇 蜜　0909-B

世に溢れる男女の問題を、恋愛を知り尽くした作家とタレントが徹底討論し、世知辛い日本を喝破する！

欲望する「ことば」「社会記号」とマーケティング
嶋 浩一郎／松井 剛　0911-B

女子力、加齢臭、草食男子……見え方を一変させ、世の中を構築し直す「社会記号」の力について分析。

ぼくたちはこの国をこんなふうに愛することに決めた
高橋源一郎　0912-B

子供たちの「くに」創りを通して象徴天皇制など日本の今を考える二一世紀版『君たちはどう生きるか』。

「コミュ障」だった僕が学んだ話し方
吉田照美　0913-E

青春時代、「コミュ障」に苦しんだ著者が悩んだ末に辿り着いた、会話術の極意とコミュニケーションの本質。

改憲的護憲論
松竹伸幸　0914-A

憲法九条に自衛隊を明記する加憲案をめぐり対立する改憲派と護憲派。今本当に大事な論点とは何かを問う。

「在日」を生きる ある詩人の闘争史
金時鐘／佐高 信　0910-A

在日社会における南北の断層、差別という修羅場を超えてきた詩人の闘争史を反骨の言論人・佐高信が聞く。

ペンの力
浅田次郎／吉岡 忍　0915-B

日本ペンクラブの前会長と現会長が、もはや絵空事ではない「言論弾圧」の悪夢に警鐘を鳴らす緊急対談。

松本清張「隠蔽と暴露」の作家
高橋敏夫　0916-F

現代人に今こそ必要な社会や国家への「疑い」を称揚し秘密を見抜く方法を清張作品を通して明らかにする。

羽生結弦は助走をしない 誰も書かなかったフィギュアの世界
高山 真　0917-H

スケートファン歴三八年の著者が演技のすばらしさを、マニアックな視点とフィギュア愛炸裂で語りつくす！

藤田嗣治 手紙の森へ〈ヴィジュアル版〉
林 洋子　044-V

世界的成功をおさめた最初の日本人画家の手紙とイラスト入りの文面から、彼の知られざる画業を描き出す。